21世纪高等院校
VR
虚拟现实设计系列教材
Virtual Reality

虚拟现实应用案例分析

刘跃军　编著

中国国际广播出版社

编委

（按姓氏笔画排序）

陈　峰　鲁迅美术学院用户体验与大数据可视化实验室主任

李　刚　山西传媒学院动画与数字艺术学院游戏教研室主任

张　帆　浙江传媒学院媒体工程学院数字媒体技术系主任

张兆弓　中央美术学院未来媒体游戏工作室主任

张　昱　北京建筑大学城市计算与人工智能研究室主任

邵　兵　吉林艺术学院新媒体学院数字娱乐系主任

吴南妮　广州美术学院视觉艺术设计学院

汪翠芳　江西财经大学副教授

周广明　中国动漫集团有限公司党委副书记

沉浸式交互动漫（VR）文化和旅游部重点实验室副主任

周立均　广州美术学院视觉艺术设计学院数码游戏设计工作室主任

杨　林　广东财经大学艺术与设计学院

姜俊杰　中国动漫集团有限公司 VR 实验室项目部主任

翁冬冬　北京理工大学光电学院研究员

高　盟　北京邮电大学数字媒体学院副教授

倪　镔　中国美术学院网络与游戏系副主任

前　言

虚拟现实是一种划时代的革命性信息技术，是继计算机互联网和手机移动互联网之后的下一代关键信息平台。虚拟现实与人工智能、5G 通信、大数据结合构成了下一代万物互联、虚实融合的沉浸式信息生态系统，把握了这些核心技术就掌控了未来信息的核心力量，其战略意义重大。国家“十三五”规划及后续阶段已经将推动虚拟现实及相关产业的协同发展写入战略性新兴产业发展的重要组成部分，各级政府从政策、资金及相关产业布局上进行全方位支持。2016 年 9 月 3 日，习近平主席在 G20 峰会上指出：“创新是从根本上打开增长之锁的钥匙。以互联网为核心的新一轮科技和产业革命蓄势待发，人工智能、虚拟现实等新技术日新月异，虚拟经济与实体经济的结合，将给人们的生产方式和生活方式带来革命性变化。”此后不久，国务院正式发布《“十三五”国家战略性新兴产业发展规划》（简称《规划》）。《规划》中明确指出：“以虚拟现实为代表的数字创意内容产业将带动周边产业，在五年内产业规模将超过 8 万亿。”其核心内容为虚拟现实与相关产业的融合应用，2020 年中国“VR+”相关产业的直接产值将达到 5000 亿，2025 年将接近 2 万亿规模。此后，国家科技部、文化和旅游部、教育部、工信部、财政部等多部委陆续出台政策联合推动虚拟现实产业发展。

面对全球虚拟现实科技持续发展的大潮，中国在虚拟现实科技的基础研究、硬件技术、软件技术、虚拟现实内容方面保持持续发展态势，虚拟现实技术在教育、文化、旅游、影视、游戏、科技展览展示等各行各业开始逐步应用，其规模也不断扩大。政策的连续出台和产业的持续发展预示着虚拟现实未来拥有巨大空间。不久的将来，随着虚拟现实产业的快速成长，虚拟现实科技、虚拟现实内容、虚拟现实平台、虚拟现实产品等将快速发展。

产业发展的前提是要有大量的从业人员的支撑，虚拟现实作为一个全新的领域，从硬件到软件，从科技到内容都面临巨大的人才空缺，虚拟现实专业人才的培养成为当务之急。随着虚拟现实技术日益走向成熟，虚拟现实应用场景在各个领域的广泛融合，高质量的虚拟现实内容成为制约产业发展的关键。由于虚拟现实内容设计包含策划、艺术设计、三维制作、引擎开发等多个跨门类的专业知识，传统设计人才很难直接满足行业应用需求。

本系列教材专门针对虚拟现实内容设计环节，融合策划、艺术设计、三维制作、引擎开发等环节的关键技术，聚焦虚拟现实内容设计过程中的专业问题，以高质量虚拟现实内容的制作实现为目标进行系统的课程内容设计。理论与实践结合，以行业成功案例为素材指导学生在较短的时间里掌握虚拟现实内容设计的整体流程和关键技术。本系列教材囊括了高水平虚拟现实内容设计的各关键环节，形成虚拟现实内容设计制作的产业链条的闭环，完整地架构了虚拟现实设计相关专业的核心骨干课程。每本教材均配备专门的电子教学资源，让学生轻松入门，且逐层深入掌握虚拟现实内容设计的关键技术。

由于教材编写时间较为局促，编写过程中未能对每一个细节进行完美打磨，对于发现的问题请随时向我们提出，我们将尽快修订。此外，在教材编写的过程中，尤其是案例分析环节，引用了不同时间、不同国家和地区的各类型优秀的、经典的虚拟现实内容，由于编写出版时间的限制和联系方式的制约，未能全部及时与作者取得联系，在此深表歉意。如果您对本系列教材中呈现的您的作品有任何意见或建议，请发送至邮箱 69101433@qq.com 告知我们，我们将及时与您沟通。感谢您的支持!

刘跃军

2020 年 1 月于北京电影学院

目　录

第一章　虚拟现实应用案例概述

作为新一代计算平台、信息传播平台的虚拟现实具有极为广阔的应用空间。毫不夸张地讲，目前计算机应用的任何领域未来都将被虚拟现实技术所取代，手机等移动终端应用的任何领域也将被虚拟现实穿戴设备所取代。进一步而言，除了当前计算机和手机所应用的领域以外，还将会有许许多多虚拟现实全新的技术和拓展的应用场景带来的史无前例的广阔应用空间。这些全新的应用空间由于对虚拟现实技术应用研发的局限，很多尚未知晓，但随着技术和应用的深入，它们将一一浮出水面。就目前的虚拟现实技术和应用领域而言，我们可以对已经呈现出来的虚拟现实应用案例进行系统分析和研究，进而逐步找到其中的研发、设计及应用体验规律，为我们从事自己领域的研究提供相对系统的参考。

第一节　虚拟现实应用案例分类

在本系列教程中，我们根据目前虚拟现实技术的主流应用场景对其进行了分类。我们根据内容制作技术的不同将虚拟现实应用分为虚拟现实全景视频和虚拟现实体验作品。其中，虚拟现实全景视频是使用视频拍摄技术和全景视频缝合技术制作的 360 度视频。它们的特点如同视频本身一样，是 2D 平面视频内容，没有三维空间的立体维度。即使是 3D 立体视频也是模拟的立体效果，作品只能看，不可以进入 2D 视频空间进行体验。而虚拟现实体验作品则是由虚拟现实引擎开发的三维空间数据，体验者完全置身于三维数据之中，可以身临其境地在虚拟现实空间中自由行走和交互。

我们根据交互方式的不同将虚拟现实作品分为虚拟现实电影类作品和虚拟现实游戏类作品。虚拟现实电影类作品侧重剧情和叙事，让体验者基本不需要交互或者很少的交互过程就可以很好地体验完整的故事。而虚拟现实游戏类作品则非常强调体验者的互动参与，每一个重要环节都需要体验者通过丰富的交互方式和过程才能过关，体验者从而获得丰富的游戏交互体验。

关于上面讲到的虚拟现实全景视频和虚拟现实体验作品、虚拟现实电影类作品和虚拟现实游戏类作品在本系列教程的《虚拟现实设计概论》中已经有较系统和翔实的讲解和案例解析。

此外，我们根据目前虚拟现实技术在不同领域的应用场景，选择其中应用案例相对较丰富的领域进行分类。其中包括：虚拟现实在社交领域的应用，虚拟现实在美术、音乐及舞蹈领域的应用，虚拟现实在军事、医疗领域的应用，虚拟现实在文化、旅游及运动领域的应用，以及虚拟现实在教育、培训及电商领域的应用，等等。由于这些应用具有极广阔的辐射效应，几乎每一个领域都代表着虚拟现实技术在该行业领域的应用案例和示范，因此这些案例的研究和分析对于未来专门从事虚拟现实内容设计研发的从业者而言，显然具有极高的案例研究和应用参照价值。

为了给学习者带来更丰富的行业应用案例参考，我们针对虚拟现实在这些领域的应用案例进行了系统的整理、研究和分析，将这些经典案例及案例分析汇总为一本专门的教程，以期更快更好地帮助读者拓展虚拟现实应用领域的视野，开阔虚拟现实设计思路，为自己未来设计更高技术水平和更具行业应用价值的虚拟现实应用产品提供支持。本教程将重点针对目前应用案例较突出的领域进行深入分析，具体包括以下内容：

虚拟现实在社交领域的应用及案例分析；

虚拟现实在美术、音乐及舞蹈领域的应用及案例分析；

虚拟现实在军事、医疗领域的应用及案例分析；

虚拟现实在文化、旅游及运动领域的应用及案例分析；

虚拟现实在教育、培训及电商领域的应用及案例分析。

第二节　虚拟现实应用未来将无所不在

虽然本教程试图尽可能全面且有代表性地向大家分析和介绍虚拟现实应用案例，但我们深深地知道未来虚拟现实应用将无所不在。这就如同我们打开任何一个主流的手机应用商店一样，数十万各种各样的手机应用产品呈现在应用商店中，它们可以覆盖社会的各行各业、方方面面。未来的虚拟现实应用商店显然也会如同手机应用商店一样，每月都可能有成千上万的虚拟现实应用产品上架，虚拟现实应用内容在某一天呈现全面爆发的局面是必然的。即使今天，在 Steam 平台的虚拟现实频道中也已经出现了成千上万的虚拟现实应用内容。很显然，我们不能对所有的应用内容进行列举、分析和说明。客观上而言，这种无标准的逐一列举也是没有实质意义的。我们需要对未来的重要行业领域进行分析，并优选其中具有代表性的虚拟现实应用内容进行系统的分析、认知和实践，进而找到未来潜在的发展空间和应用方式，帮助自己去认知、体验、设计开发出具有行业代表意义和市场价值的虚拟现实应用产品。因此，行业覆盖的典型性和未来发展的预见性就显得非常重要。

在本教程编写过程中，我们在有限的课程内容中尽量选取最具未来发展空间和行业代表性的应用内容进行分析和讲解，希望能够最大限度地开拓读者的视野，提升读者的视点高度，同时也能够踏踏实实地将这些案例分析应用于拓展自己的思维和执行，进而学以致用，用以有效。不管你之前从事哪一个领域，只要拥有了专业的眼光和有效的技能，终将在虚拟现实中创造出自己的世界，实现美好的梦想。

下面，我们将进入一个个虚拟现实应用案例中，深入探索虚拟现实在未来将爆发的一些重要领域中所展现的早期基础状态。

第二章　虚拟现实在社交领域的应用及案例分析

一直以来，社交应用是网络时代举足轻重的平台。美国 Facebook 掌握着全球最大的社交平台，因此能够达到微软、谷歌、苹果等信息科技企业的规模。中国腾讯在 PC 互联网时代研发了 QQ，又在移动互联网时代研发了微信，这两大社交平台令其能够与阿里巴巴、百度三分天下。可见，社交应用是信息科技领域极为重要的平台，一旦把握了社交平台就等于集聚了用户，拥有了用户就拥有了消费。虚拟现实时代的社交应用具有同等重要的战略意义。

本章我们将给大家介绍一系列虚拟现实在社交领域的应用。第一，我们将介绍在 VR 平台处于爆款状态的社交应用 VR Chat，它目前拥有最高的人气和最大的用户群体；第二，我们将介绍 Oculus Spaces VR 社交应用，由于 Oculus 拥有浓重的 Facebook 色彩，因此 Oculus 的社交应用具有强大的综合实力；第三，我们将介绍微软收购并重点打造的社交应用 Altspace VR，在信息产业领域，微软作为全球计算机操作系统的掌控者，拥有无可比拟的研发能力，必然为下一代社交平台注入强大的动力；第四，我们将给大家介绍 Rec Room VR、High Fidelity VR、Sansar VR 等具有一定知名度和实力的 VR 社交应用。

第一节　VR Chat 社交应用

一、VR Chat 社交应用简介

VR Chat 是由 VR Chat 公司研发的一款大型的多人在线 VR 社交应用，创

始人是格雷厄姆·盖勒（Graham Gaylor）和杰西·荷德瑞（Jesse Joudrey）。VR Chat 最初研发于 2014 年，2015 年靠着格雷厄姆·盖勒和杰西·荷德瑞亲朋好友的资助才得以继续。2016 年，他们获得由 HTC 领投的 120 万美元的种类轮融资。2017 年 2 月，VR Chat 正式上线 Steam VR 平台，同年再次获得由 HTC 领投的 400 万美元 A 轮融资。

现象级 VR 社交应用 VR Chat

研究数据显示，VR Chat 是目前全球范围内 VR 内容下载和使用率最高的一款社交应用。截至 2018 年 3 月，用户数量已达 300 万人。VR Chat 具有广泛的用户支持度，除了使用 VR 设备，PC 电脑或者手机用户也能通过 VR Chat 进行社交。唯一不同的是，VR 用户使用体感和手柄可以做出丰富的手势和表情，而传统平台用户只能使用语音。但这并不影响体验者的热情，广泛和用户平台兼容吸引了更多的用户，并且极大地提升了传统用户渴望得到一套 VR 设备进行更丰富的 VR 社交表达和体验的热情。VR Chat 的应用视频在 YouTube 平台人气极高，甚至某些单个视频的点击量就达到数千万次，总体视频点击量高达数十亿次。下面是一位躺在地上睡着了的 VR Chat 玩家，她长时间躺在地上并且睡觉时打呼噜，引起了大家围观。该视频点击量超过 1700 万次。

在 VR Chat 中睡着了的玩家引起大家的围观

二、VR Chat 社交应用体验

我们戴上 VR 设备进入 VR Chat 后，将置身于下图所示的主场景界面。其中，左图的区域为更换外形和查看外形效果的镜子，右图显示的是游戏相关属性信息。远处有一个传送门，可以帮助我们到达一个预设的新手聊天环境，让我们熟悉 VR Chat 的基础使用方法。

VR Chat 的主场景界面

下图显示的是在 VR 手柄上点击菜单按钮激活 VR Chat 的用户菜单，我们可以在这里选择游戏场景、设置游戏属性等。下面所示的系统主菜单界面，我们可以从中选择 Worlds 进入 VR 世界中的不同场景选择界面，选择 Avatar 进入用户外形设置界面，选择 Social 进入社交功能及好友设置界面，选择 Safety 进入安全信息设定界面，等等。

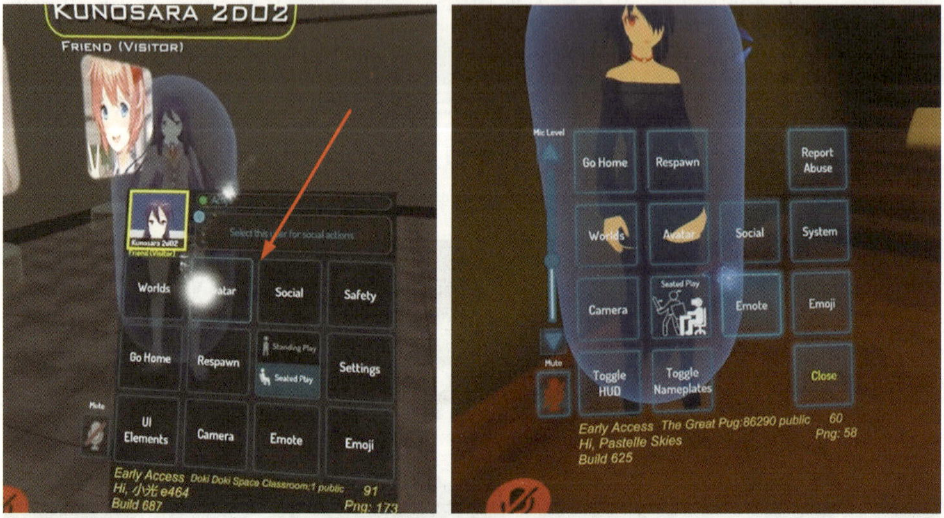

设置游戏基本属性

VR Chat 具有超高的自由度，玩家在 VR Chat 中可以自行创建服务器，允许用户上传自己喜欢的聊天场景，如中式庭院、日式建筑、欧式咖啡厅、美式广场等。用户可以将这些不同的场景上传至 Worlds 世界场景中，然后大家都可以选择不同的场景进入其中自由地聊天与交流。下图显示的是进入主菜单 Worlds 后可以看到的各种各样的场景，我们选择后便可以进入其中与网友进行交流。

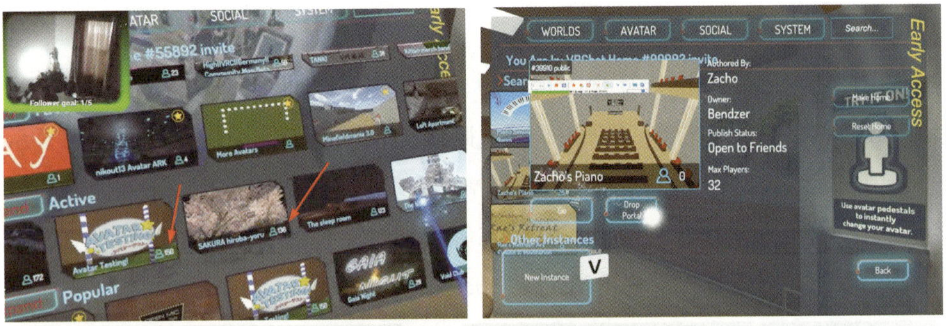

VR Chat 中的场景选择界面

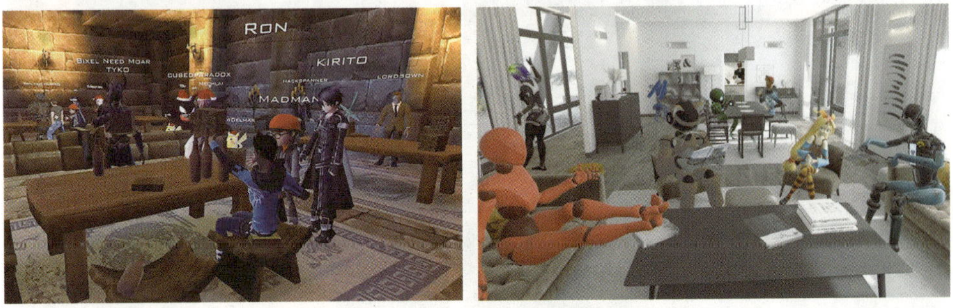

VR Chat 中各种风格的场景

VR Chat 除了允许用户上传自己的场景，还可以自主上传虚拟角色，通过虚拟角色替身彼此交流。开发商在与游戏一起发行的软件中增加了辅助开发工具包，能够帮助玩家创建来自各类动漫及游戏的人物，并将其作为自己的形象。下面左图显示的是用户在镜子前更换自己的形象；右图显示的是许多用户呈现的不同风格的形象，这是一张社区中网友们的大合影。

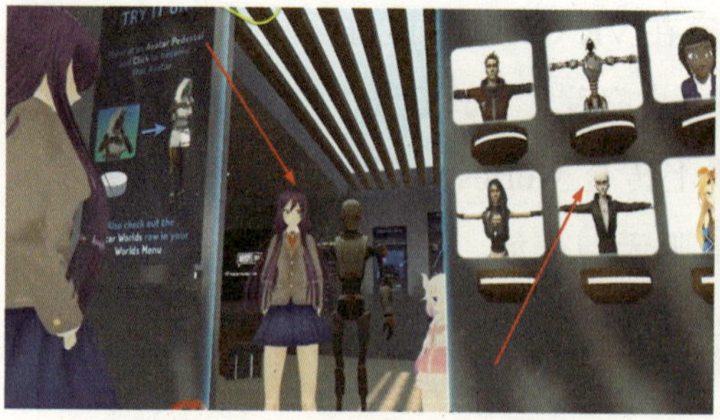

用户在镜子前更换自己形象

各种风格的虚拟形象

在使用 VR Chat 进行社交的过程中，用户还可以即时实现非常丰富的人物动作和表情，包括精准的口型和眼神、眨眼等细腻的表情动作。下面左图显示的是用户表情控制面板，选择不同的表情，角色就可以做出该表情效果。此外，由于用户的头部动作、视线、口型动态等是即时捕捉的，所以在与网友交流的时候，角色有近乎真人一样灵活的头部动作、视线方向、口型动态。

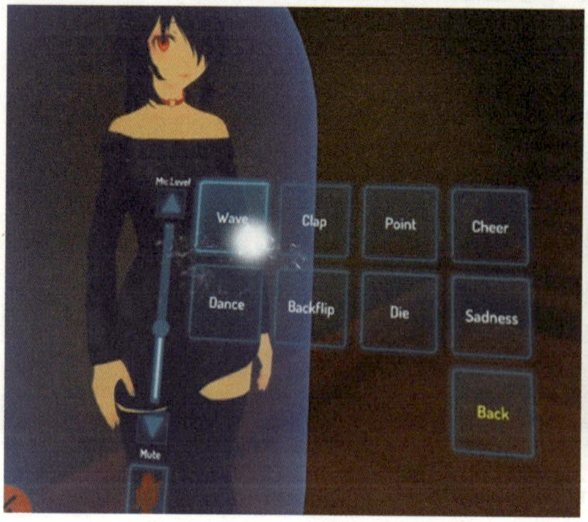

VR Chat 中用户表情控制面板

在与网友打招呼

除了普通的表情，用户还可以通过自己的动画或者特效能力使用 Unity 引擎工具设计出各种超乎想象的夸张表情，从而震撼网友。比如下面左图中角色的夸张表情就是让整个环境暗下来，然后播放一段炫酷的音乐，自己飘到空中然后发出神秘的流体光线；而右图中的角色，只要她一高兴，就会变身成三个角色，然后给大家跳一段劲爆的热舞。

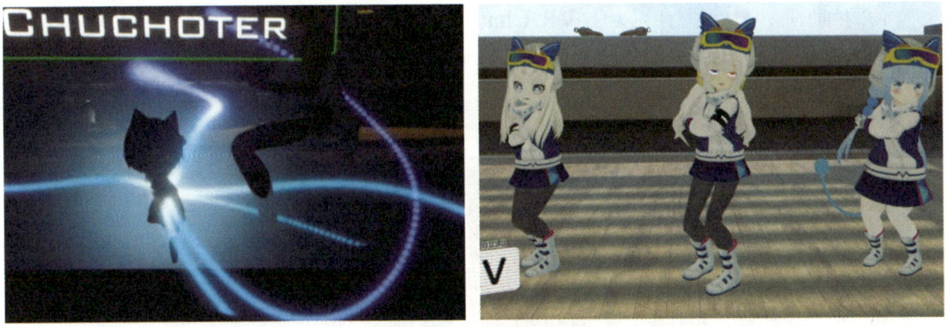

VR Chat 中的超级表情

在 VR Chat 中，用户可以与网友进行各种丰富的交流，其表达方式甚至可以非常接近真实世界的交流方式，包括说话、手势、走动等。如果面对外国人，我们不擅长语言表达，也可以通过写字、画画的方式，还可以弹琴、跳舞及赠送礼物等。下图显示的是在 VR 中用笔交流的情况。首先，我们可以用笔来表达自己的想法；其次，如果别人愿意，还可以在别人身体周围画画，如长出一对天使的翅膀。如果你是画画高手，那么你的作品很快会引来一大群粉丝。

在 VR Chat 中用笔写字、画画

除了画画，用户还可以在 VR Chat 中弹琴。社区中创建了一些环境和音色表现丰富的键盘，允许用户在社区中弹琴。如果你是一位键盘好手，那么你将很快拥有一大群粉丝。

VR Chat 中不同的音乐演奏环境

如果你拥有一个动作追踪工具，如 Vive 的 Tracker，那么你就可以实现全身动作捕捉，进而可以在 VR Chat 中自由自在地跳舞了。下图显示的就是一位舞者扮演不同的虚拟角色进行跳舞。该用户的直播视频拥有上百亿次的点击量，粉丝不计其数。

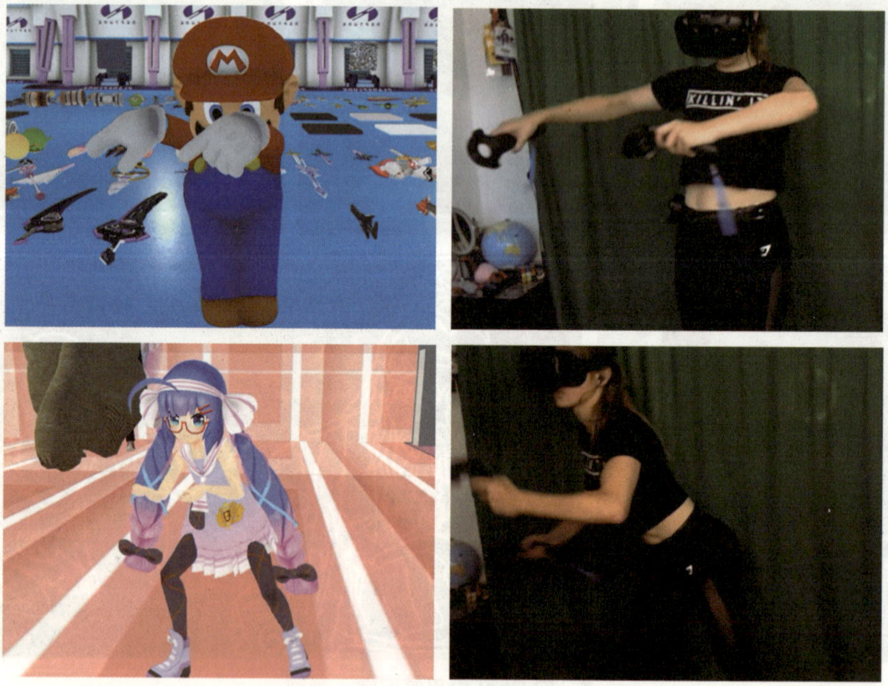

在 VR Chat 中跳舞

此外，在 VR Chat 中，还可以与网友一起去不同的房间，参与社区中的各种小游戏，如夺旗、保龄球等。下图显示的是玩家在和网友一起玩保龄球和夺旗的游戏。

VR Chat 中与网友一起玩游戏（保龄球和夺旗）

VR Chat，顾名思义就是以聊天交友为目的的互动社交平台，这样的平台怎么能够少了交友的功能呢？ VR Chat 拥有强大的交友功能，能够帮助我们方便地添加好友、呼叫好友、管理好友、查看好友信息等。

VR Chat 的社交界面与好友功能

通过介绍 VR Chat 的社交及相关应用功能，我们能够直观地了解 VR 社交可以做些什么。相对于传统 PC 平台或者手机平台的社交软件而言，VR 社交显然有了翻天覆地的变化。比如在手机微信中，我们与别人交流的手段通常有文字、图片、表情、语音、视频，然后就是刷朋友圈、点赞、评论。而在 VR 社交中，除了可以实现这些基本的功能以外，VR 社交能够模拟出我们真实世界中绝大多数的活动与表达方式，这就使得人与人之间的网络交流方式能够前所未有地扩展。随着这些表达方式在 VR 社交中的逐步普及，人们对于 VR 社交的依赖将会显著增加，届时整个产业的发展空间将前所未有地扩展。

第二节 Oculus Spaces VR 社交应用

一、Spaces VR 社交应用简介

Spaces VR 社交应用

Spaces VR 是 Facebook 在 2016 年 Oculus Connect 开发者大会上推出的 VR 社交平台。基于 Facebook 在全球社交应用领域的雄厚实力，他们所研发的下一代 VR 社交应用也备受关注和期待。Spaces VR 是一款卡通化风格的虚拟社交平台。用户可以在虚拟场景中一起面对面地交流，同时也可以进行 VR 自拍、VR 视频直播等。Spaces VR 可以通过 Facebook 账号进行登陆，可以帮助 Spaces VR 直接从传统平台的社交网络获得更多用户，这是 Spaces VR 平台的优势所在。用户可以使用系统自带的虚拟头像，也可以使用自己的真实头像。在 VR 虚拟人物的旁边还显示出用户的 Facebook 账户头像，以便于好友之间的身份确认。

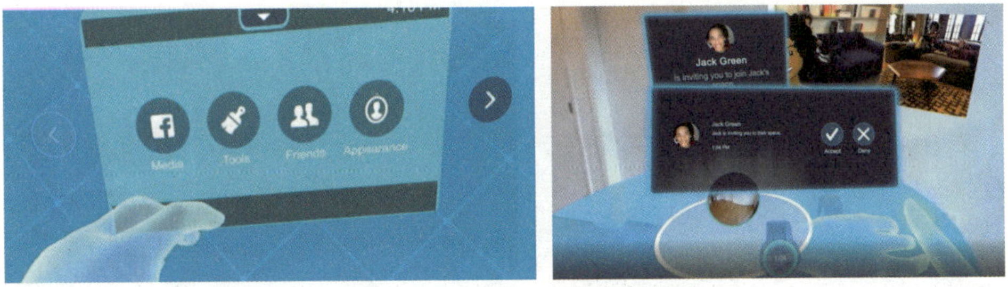

Spaces VR 与 Facebook 的关联

二、Spaces VR 社交应用体验

进入应用后可以设定自己的虚拟形象，Spaces VR 拥有丰富的虚拟人物设定选项，可以选择自己的发型、肤色及眼睛形状和颜色，可以调整自己的鼻子、耳朵、眉毛等。

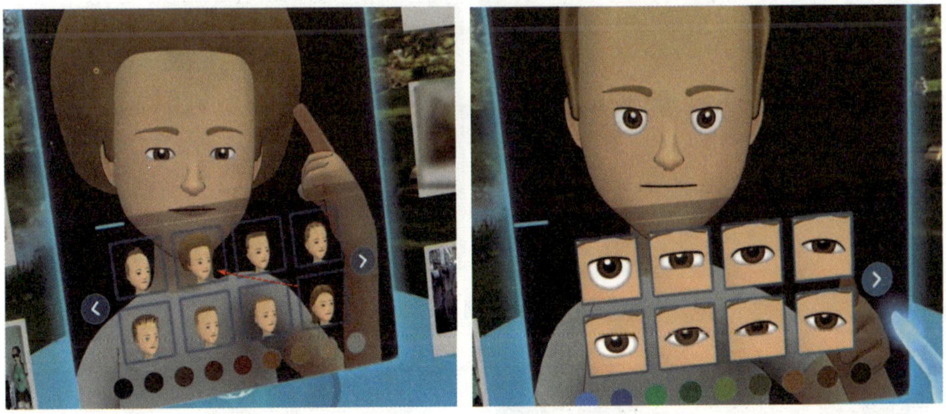

Spaces VR 中丰富的虚拟人物设定

由于与 Facebook 存在“血缘”关系，Spaces VR 可以非常方便地与 Facebook 建立好友关联，并邀请其在 VR 中添加好友，或者呼叫好友一起来参与活动。比如下面这个场景看到的是两个用户在一起拍合影，Spaces VR 自带免费自拍杆。用户可以把这些在虚拟世界中的合影发布到真实世界的 Facebook 社交平台中，以分享给更多的好友。

呼叫 Facebook 好友在 Spaces VR 中一起拍合影

在 Spaces VR 中和好友拍照是一件非常愉快的事。我们可以方便地使用自拍杆找到合适的角度，大家做出完美的动作和表情后，按下自拍，完成合影。我们可以像真实的照片一样拿起刚才拍摄完成的作品，选择最满意的一张，然后一键分享到 Facebook 平台，让更多的朋友看到我们在虚拟世界中的活动，如下图所示。

将合影一键分享到 Facebook 平台

将好友一起玩耍的合影发布到 Facebook 平台

在拍摄合影的过程中，如果我们对于拍摄的背景环境不够满意，还可以方便地更换环境，如下面左图所示。我们可以进入环境选择菜单，滑动我们的手指选择自己喜欢的场景。比如我们想体验白宫总统办公室的场景，就可以马上把聊天环境更换到总统办公室，如下面右图所示。

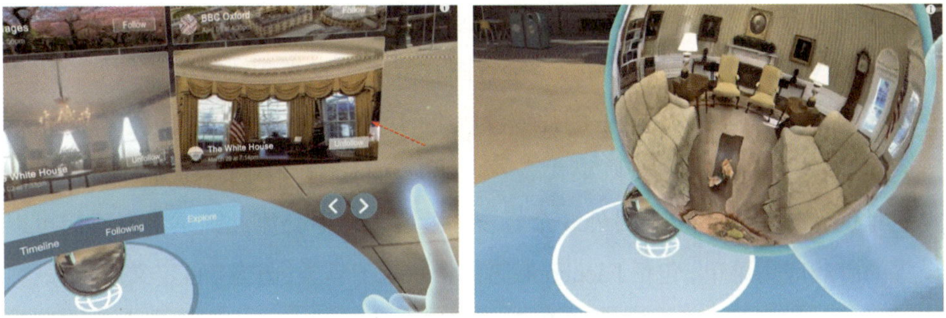

在 Spaces VR 中方便地更换聊天环境

下图所示的就是白宫总统办公室的环境效果。我们既可以在这里聊天，也可以自拍。

在白宫总统办公室自拍

Spaces VR 也拥有笔的功能。我们可以拿起笔来发文字或者图片，也可以围绕着我们的朋友画上几个圆圈，如下图所示。

在 Spaces VR 中画圆圈

与其他 VR 社交应用相比，Spaces VR 的特点非常突出。Spaces VR 的社交总是围绕着一个虚拟圆桌进行，可以切换成不同的圆桌，但不能没有。聊天的背景也可以自由切换，可以是静态的全景图片，也可以是动态的全景视频。由于 Spaces VR 的聊天环境使用的是全景图片或者全景视频，效果比较好，但也存在问题，用户不可以在这些图片或视频类的环境中走动或者与环境交互。

在 Spaces VR 中，一张圆桌代表一个社交空间。这个圆桌只能容纳 4 个人，也就是说，你最多可以和另外 3 个好友一起在 VR 中交流。圆桌上有我们可以设置的游戏应用菜单，包括 Facebook 选项、Tools 工具类、好友、自定义虚拟人物、绘画模式、设置等。在 Spaces VR 中，与好友的互动方式主要体现在分享照片和视频、对自己的屏幕进行内容映射、一起进行 3D 绘画创作、一起玩骰子、一起自拍等。此外，该应用与 Facebook 的链接非常密切，可以通过虚拟形象在 Facebook 上直播或者和好友直接进行视频通话。

从整体体验来看，Spaces VR 更像一款将传统平台的社交功能发挥到极致的社交平台。Spaces VR 社交功能非常方便，但是关于 VR 虚拟世界的展现却比较缺乏，这可能在很大程度上体现了 Facebook 传统社交的整体意志。

第三节　微软 Altspace VR 社交应用

一、Altspace VR 社交应用简介

Altspace VR 社交应用

Altspace VR 的研发公司成立于 2013 年，2014 年获得 540 万美元种子轮融

资，投资方有腾讯、Dolby Family Ventures 及 Comcast Ventures 等。2015 年 7 月，该公司获得了 1030 万美元 A 轮融资。2018 年 7 月，Altspace VR 表示由于公司财务问题，不得不选择关闭 Altspace VR 服务，Altspace VR 陷入运营困境。一个月后，微软收购了 Altspace VR，保留了 Altspace VR 这个名字。此后，Altspace VR 正式成为微软子公司，微软强大的技术和资金实力也将为其赋予新生。Altspace VR 的玩法比较丰富，可以看作一个集合式的社区，兼具社交、聚会、活动、影音播放、游戏等多方面的功能。

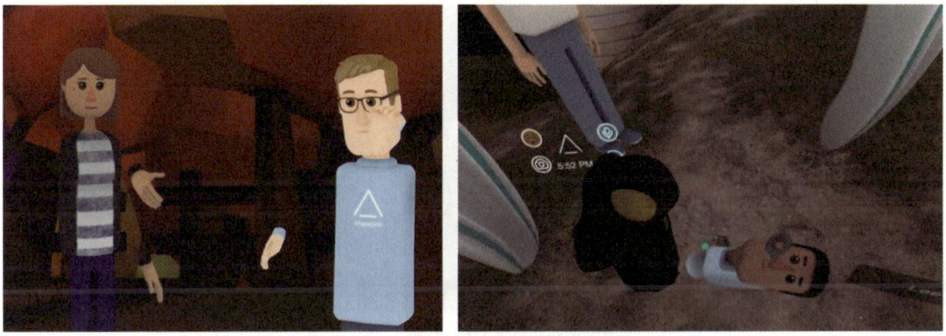

Altspace VR 中的用户之间在进行交流

二、Altspace VR 社交应用体验

2016 年 4 月，Altspace VR 发布于 Steam VR 平台。该应用同时支持 PC 端的各类型 VR 平台，如 HTC Vive、Oculus Rift、Windows MR 等，还支持移动端 VR 平台，包括 Gear VR、Daydream、Oculus Go 等。

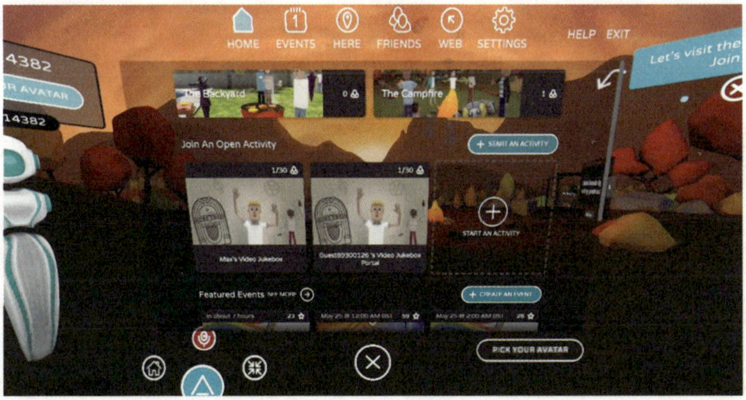

Altspace VR 主界面

在 Altspace VR 内容的分类中，最主要的就是事件类和游戏类。事件类指正在进行和即将举行的热门 VR 聚会等类似活动，如粉丝见面会、开发者大会等。Altspace 是目前 VR 社交应用中游戏类型最丰富的应用，不同游戏内容的场景数量约 20 种。整体以趣味性为主，质量都很高，而且每个游戏场景中容纳的用户数量较多，从数十到上百人不等。此外，该应用内容包含一些常用场景，如聚会、开会等。在主舞台房间，我们可轮流上台发言，也能通过表情来传达想法，如鼓掌、发出爱心等互动。

在 Altspace VR 中举行演讲

在 Altspace VR 中表达自己的态度

在 Altspace VR 中进行桌游

在 Altspace VR 任何界面的左下角都有一个操控盘。它可以快速调整头像或者开启、关闭麦克风及发送表情等，甚至呼出菜单按钮。比较有意思的是，里面的表情出现在头顶，可以直接地看到其他朋友的表情。

Altspace VR 的设置工具界面

在用户的移动方面，除了瞬移的操作方式外，Altspace VR 也加入了平滑移动的方式，只需按住左手的触控板滑动即可实现。在 Altspace 的场景中也可以很好地实现不同场景之间的传送，如我们可以在聚会类型场景中发出一个链接，这个链接直接关联到另一个影音体验的场景，就可以快速传送到新场景中。

第四节　其他 VR 社交应用案例

一、Rec Room VR 社交应用

Rec Room VR 社交应用

Rec Room VR 由 Against Gravity 研发，其创始人之一是前微软 HoloLens 的

项目经理。作品于 2016 年在 Steam VR 平台上线。2017 年 2 月获得 500 万美元的种子轮融资。2018 年 6 月，Rec Room VR 通过 Twitter 宣布，总用户数量已经超过了 300 万人。对于正处于发展初期的 VR 社交应用而言，这显然是一个庞大的数字。

Rec Room VR 是一款主打休闲运动小游戏的社交平台，它提供了丰富多样的活动，包括彩弹枪战、躲避球、飞盘、高尔夫、篮球区、乒乓球等。游戏中有大量的主题类房间，这些房间基本都是多人对战类型的趣味休闲游戏。该应用主界面也是一个聚合型的场景，大家可以汇聚在一起聊天、互动，如有虚拟台等，房间内设计了大量的门，可传递到其他场景中。

在 Rec Room VR 中聊天、互动

在 Rec Room VR 中与好友跳舞

综合来看，Rec Room VR 主要以游戏交互为主，更像是将传统联机游戏搬到了 VR 中，同时游戏场景数量丰富、趣味性强。如果想和朋友一起在虚拟现实中玩联机对战类休闲游戏，直接用 Rec Room VR 是最简单的选择。

在 Rec Room VR 中玩射击游戏

在 Rec Room VR 中玩篮球投球游戏

在 Rec Room VR 中玩飞盘游戏

二、High Fidelity VR 社交应用

High Fidelity VR 社交应用

High Fidelity 是由 High Fidelity 公司研发的 VR 社交应用。该公司成立于 2013 年 4 月，创始人 Philip Rosedale 是 Second Life 研发团队林登实验室（Linden）的创始人之一。公司成立之初由三名投资人共同出资 240 万美元，后来分别于 2014 年 3 月 26 日获得 250 万美元融资、2015 年 2 月 25 日获得 11000 万美元融资、2016 年 12 月 12 日获得 2200 万美元融资。截至 2016 年底，High Fidelity 总融资额达 3790 万美元，是 VR 社交应用中获得投资最高的研发公司。

High Fidelity VR 是一款集创建、分享及托管虚拟现实环境于一体的平台，特色是开放源代码的跨平台应用，也就是说我们可以使用 High Fidelity 来创建属于自己的 VR 环境，并托管在服务器上。该应用平台拥有多项先进技术，如眼球追踪、面部表情捕捉等；能够在 HTC Vive、Oculus Rift、Windows MR 等诸多主流头显中广泛应用；还支持 Leap Motion 精准手指动作捕捉、Prio VR 全身捕捉等功能。

下面，我们简单了解一下 High Fidelity VR 的主要内容。下图显示的是在 High Fidelity VR 进行游戏的人物，可以看到社交中的人物比较写实。

High Fidelity VR 中进行游戏的人物

下图显示的是 High Fidelity VR 的系统操作界面。我们能够看到，该应用测试系统设置和操作主要是在一个移动平板电脑上进行的，如同真实世界的 iPad 一样。关于游戏的系统设置及系统操作都在这个面板上进行。

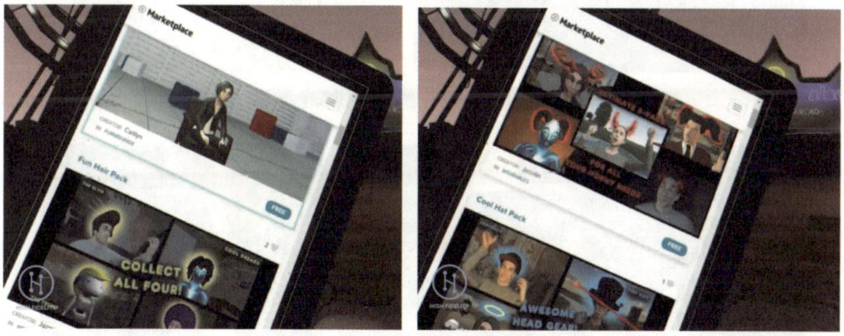

High Fidelity 的系统操作界面

多人游戏是 High Fidelity 的主要卖点之一。我们可以在各种游戏中与好友或者陌生的网友一起面对面地进行游戏，进行聊天。下图显示的是在 High Fidelity VR 中两个 Avatar（外形）为女士的网友与另一个 Avatar（外形）为男士的网友在一起玩拳击游戏。

High Fidelity VR 网友在一起玩拳击游戏

下图显示的是 High Fidelity VR 中网友在一起玩不同类型的游戏，如打高尔夫球、玩桌游、射击、打篮球等。

High Fidelity VR 的不同游戏类型

High Fidelity VR 的集体夜场游戏

三、Sansar VR 社交应用

Sansar VR 社交应用

Sansar VR 由著名虚拟人生模拟游戏 Second Life 的研发团队林登实验室

（Linden）研发，2018 年 12 月正式上线公测。该应用号称"VR Chat 杀手"，也就是说，它号称是可以把 VR 社交应用排名第一的 VR Chat 挤下宝座，并取而代之的 VR 社交应用。当然，结果不是自己说什么就是什么的，而是由最终的事实说话。目前，Sansar VR 的用户远远没有达到 VR Chat 的量级。当然，既然它敢这么说，自然有其强项。下面，我们来了解一下 Sansar VR 的强项。

首先，Sansar VR 的研发团队林登实验室早年在 PC 平台开发的 Second Life 被公认为非常出色的虚拟人生模拟游戏。Sansar VR 能够继承其优秀的基因。

其次，Sansar VR 目前最突出的亮点是相比其他 VR 社交应用，拥有更细腻和更高完成度的 VR 场景和更写实的人物。将这样的场景和这样的人物进行聚合，就可以获得更高完成度的虚拟现实氛围，如下图所示。

Sansar VR 中的虚拟场景

Sansar VR 中的虚拟现实人物

Sansar VR 中网友们在进行聚会和表演

Sansar VR 中拥有丰富的社交场景，人们可以进入各种各样完成度极高的社交场景中进行交流。林登实验室的公关总监彼得·格雷（Peter Gray）指出，Sansar VR 的 Atlas 公共体验目录已经含有数百种虚拟体验，包括多人游戏、历史遗迹和地标的重现、电影院、博物馆、360 度视频穹顶等。

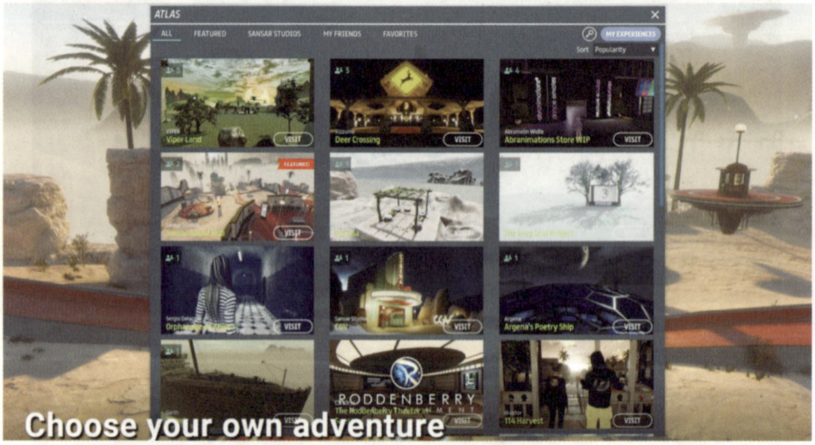

Sansar VR 中拥有丰富的社交场景

通过 Sansar VR 社交应用，用户能够直接进入自己喜欢的体验。托管的多用户体验都提供独特的链接，创建者可以与任何人分享，如 Facebook、Twitter、电子邮件、博文等。另外，用户可以使用像 HTC Vive 或 Oculus Rift 这样的 VR 头显，以及 PC 上的桌面模式进行浏览。目前，每个实例都支持 35 个以上的虚拟化身同时存在，而自动化实例可以支持无限用户的体验。

Sansar VR 中丰富的人物和细节修饰

Sansar VR 中拥有各种各样的社交群体活动的游戏。下图显示的是网友们在 Sansar VR 中进行各种不同类型的游戏，如打保龄球、蹦迪、海战、挥舞大锤等。

Sansar VR 中不同类型的游戏

Sansar VR 设计了自己独特的盈利模式——“免费 + 增值”，即用户可以免费访问平台上的世界，但如果要管理三个以上的体验，创作者则需要付费才能获得增值服务。此外，创作者上传自己的资源进行出售或出租。这样就可以逐步形成一套内部生态链。

第三章　虚拟现实在艺术领域的应用及案例分析

本章主要讲述 VR 在艺术领域的应用案例，包括三部分内容：第一部分是 VR 在美术领域的应用，重点介绍和分析了 VR 绘画工具、VR 绘画艺术作品及 VR 美术馆；第二部分是 VR 在音乐领域的应用，重点介绍和分析了 AR/MR、VR 钢琴学习和演奏、VR 音乐制作工具及 VR 音乐游戏；第三部分是 VR 在舞蹈领域的应用，重点介绍和分析了 VR 舞蹈教学应用、VR 舞蹈展示应用及 VR 沉浸式交互舞蹈作品。

第一节　VR 在美术领域的应用

一、VR 绘画工具

1. Tilt Brush VR 绘画工具

Tilt Brush 是 Google 开发的一款可以在三维空间中进行创新性绘画的 VR 绘画应用。通过使用 VR 头显和手柄，艺术家可以在三维立体空间中自由地创作。

Tilt Brush 宣传海报

迪士尼动画师 Glen Keane 使用 Tilt Brush 绘制的美人鱼

Tilt Brush 于 2016 年 4 月正式登陆 Steam VR 平台。它提供多种样式的笔刷，除了传统的绘画笔刷以外，还创新性地加入了许多新奇的笔刷，如霓虹光带、七彩彩虹、闪烁的星星、飘动的烟雾、飘落的枫叶等。2017 年 9 月，Tilt Brush 更新版本推出 Blocks Library 素材库，允许用户把喜欢的元素添加到笔刷中，自创专属笔刷。自推出以来，很多使用过 Tilt Brush 的艺术家都对其赞赏有加，认为它是一款值得体验的应用。世界著名杂志 *Wired* 把 Tilt Brush 誉为“最潮的画图工具”。

下面来了解一下在 Tilt Brush 中绘画的过程，我们使用 HTC Vive 手柄开启 Tilt Brush 应用就可以在空中进行绘画。这些绘制出来的线条可以像真实的笔刷一样，也可以发出霓虹灯一样的光彩。

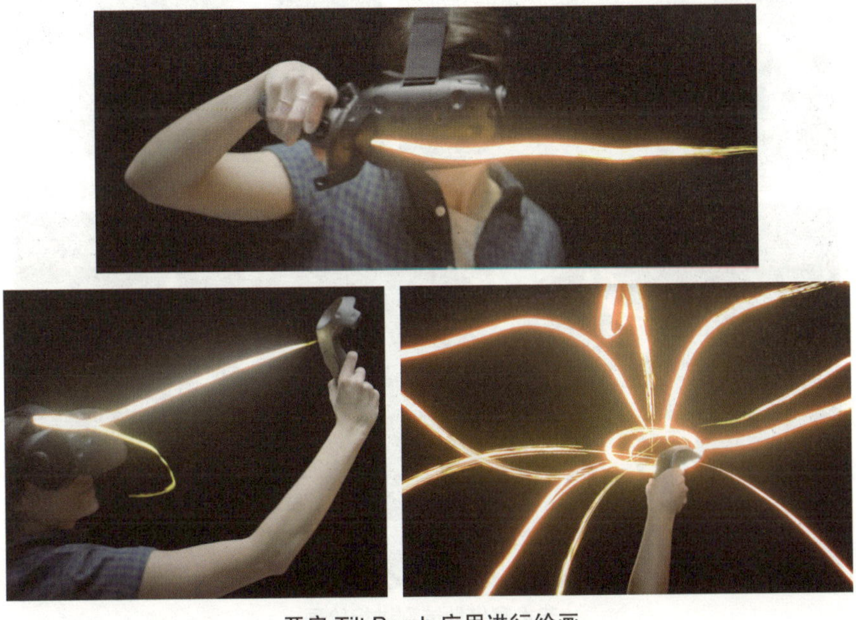

开启 Tilt Brush 应用进行绘画

Tilt Brush 应用中有各种各样的笔刷，选择不同的笔刷，可以在空中绘制出完全不同的效果，如下图箭头位置所示。

Tilt Brush 应用拥有各种各样的笔刷

我们可以使用笔刷绘制植物绿色的长叶，也可以修改笔刷绘制植物紫色的花瓣。在绘画过程中，一只手使用调色盘和笔刷工具，另一只手可以在空间中自由地绘画，进而获得一个唯美的三维空间绘画作品。

艺术家借助笔刷进行绘画

当这幅三维空间绘画作品绘制完成后，我们可以放下画笔，在这个自己创造的“画”中徜徉、行走。这种体验只有在 VR 绘画世界中才能如此身临其境地呈现。

艺术家置身于“画”中

我们再来看看一位服装设计师如何进行服装绘画。我们将模特的基础模型载入绘画空间，然后就可以在模特的身上进行空间绘画。

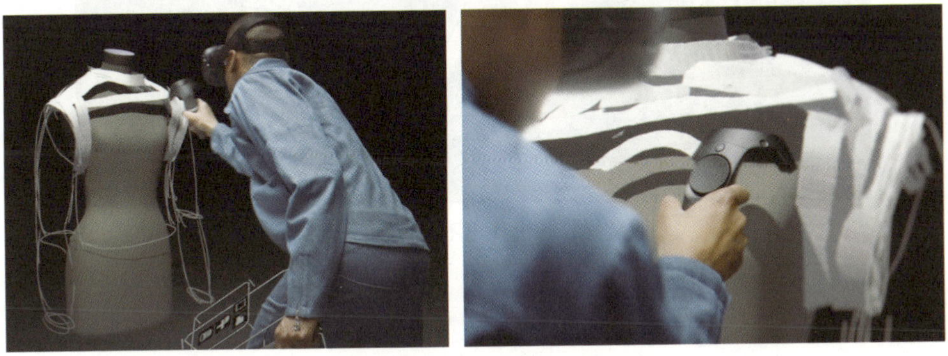

服装设计师进行服装绘画

在绘画的过程中，除了可以绘制自由随意的线条，我们还可以借助辅助工具绘制出标准的直线、曲线、圆圈等，进而得到标准的线条造型。

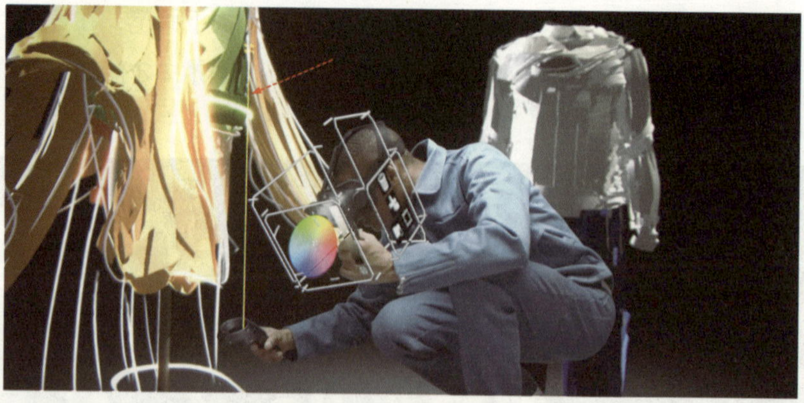

服装设计师借助辅助工具进行绘画

下图是服装设计师在场景中设置不同的模特，并分别设计出不同风格的服装。然后，服装设计师就可以置身于自己设计的服装中，从不同角度、不同位置自由地观赏及优化，从而得到自己理想的服装造型。

服装设计师设计出不同风格的服装

2. Quill VR 绘画工具

Quill 是由 Oculus Story Studio 开发的一款 VR 绘画应用。该应用最初只是作为 VR 影片《亲爱的安吉莉卡》（*Dear Angelica*）的内部创作工具，艺术家可以在无限大的空间虚拟画布上进行绘画，空间画布可以无限放大或缩小。2016 年 12 月，Quill 正式面向普通用户发布，后续又更新了一系列与动画制作相关的新功能。此外，在 Quillistrations 作品模块中，我们还可以欣赏到很多优秀的 Quill 空间绘画作品。下图显示的是 Quill VR 绘画的成名作《亲爱的安吉莉卡》中的一个空间绘画效果。

Quill 宣传海报

Quill 作品《亲爱的安吉莉卡》

下图是开启 Quill 后，我们看到了使用 Oculus Touch 工具进行绘画的基本方法。

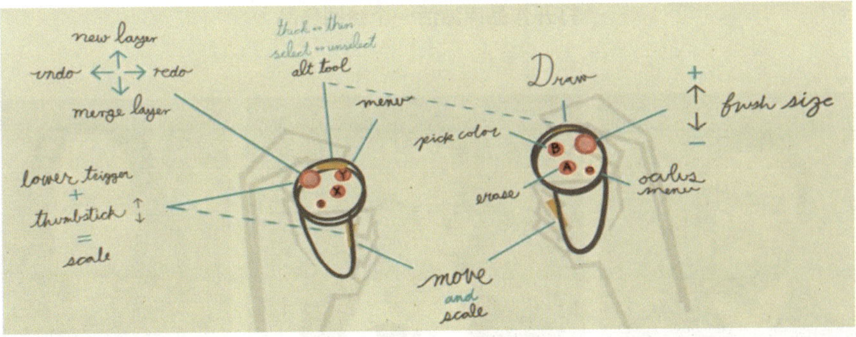

Quill 的基本使用方法

下图显示的是 Quill 的基础使用工具界面。从中我们可以看到 Quill 中默认提供的画笔类型、形态及调色板上的基本功能。

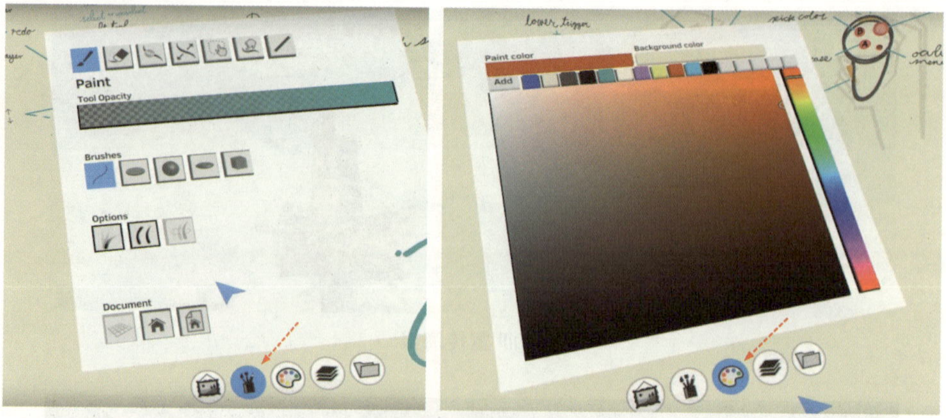

Quill 的笔刷和调色板

下图显示的是使用 Quill 打开作品库界面及激活其中一个作品在空间中呈现出来的效果。

打开作品库激活一个绘画作品

作品库中的肖像绘画作品

由于这些作品都是三维空间绘画作品，所以当我们转换到不同的角度来观看作品时，可以看到不同作品效果。

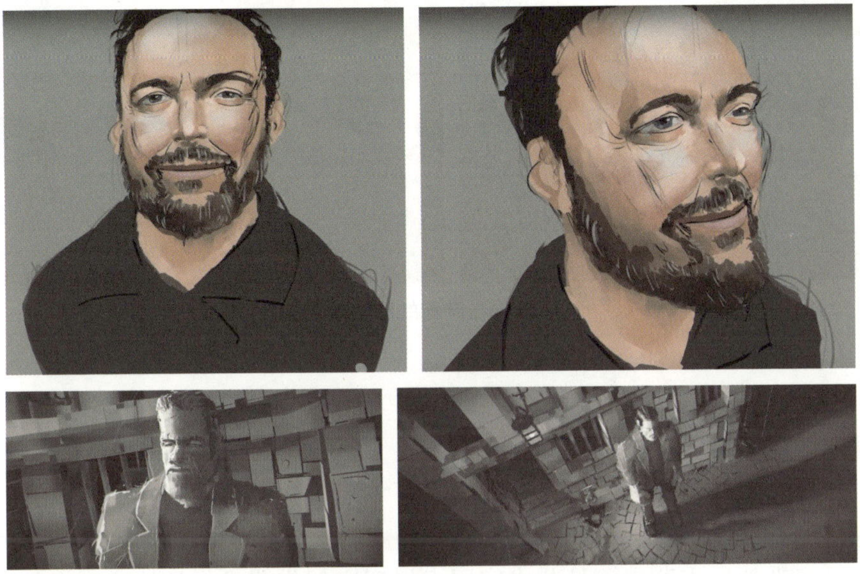

三维空间绘画作品转换不同的角度看到的效果

不同艺术风格的三维空间绘画作品

除了可以在空间中绘画以外，Quill 还提供了动画功能，让我们可以将自己的绘画作品在三维空间中运动起来。

一只可爱的兔子在蹦蹦跳跳的动画效果

两条狗在奔跑的动画效果

二、VR 绘画艺术作品

1.《亲爱的安吉莉卡》

《亲爱的安吉莉卡》是艺术家用虚拟现实创作艺术作品的典型案例，由 Oculus Story Studio 的艺术家 Saschka Unseld 领衔创作。该作品一经推出就获得巨大成功，获得包括美国第 69 届艾美奖、2017 年圣丹斯电影节、第 74 届威尼斯电影节等评委的一致好评。《亲爱的安吉莉卡》被业界誉为具有划时代意义的“艺术 + 叙事”的代表作，甚至有艺术家网上发文称“如果这是我的作品，我会死而无憾……” 看到如此传奇的描述，我们不禁要问《亲爱的安吉莉卡》到底是一个什么样的作品？为什么能够到达如此高度？

《亲爱的安吉莉卡》宣传海报

《亲爱的安吉莉卡》部分内容截图

体验者在欣赏《亲爱的安吉莉卡》

《亲爱的安吉莉卡》讲述了一位失去母亲的少女看到以前与母亲一起拍摄的录像带后，回忆起与母亲的往事，产生对母亲的无比思念的动人故事。标题中的安吉莉卡（Angelica）就是这位少女的母亲，同时她也是一位有着丰富表演经历的演员。在这个VR作品中，少女回忆自己和屏幕中的母亲在一起的场景。体验者感觉仿佛自己也置身现场，感受到母亲给少女的关爱，彼时母女间的幸福与此时失去母亲的孤独与怀念让人潸然而下。艺术、科技和情感，加之虚拟现实的沉浸式视听交互体验，让人深刻地感受到前所未有的艺术震撼与情感共鸣，进而被作品所征服。

《亲爱的安吉莉卡》主题海报

从技术实现的角度来分析《亲爱的安吉莉卡》这部作品的创作过程，我们不难发现，该作品本质上是艺术家使用科学家研发的VR绘画工具创作出来的一系列（约20张）空间立体画作。这些散布在空间的立体画作中的人物呈现了主角间故事发展的事件，不同画作之间如同动态分镜一样进行叠加，再配以抒情的音乐和情感细腻的专业演员旁白。这样，一个前所未有的全新艺术形态诞生了。《亲爱的安吉莉卡》是Oculus Story Studio的艺术家使用Oculus平台的VR绘画工具Quill绘制的首部作品。Quill是类似于谷歌Tilt Brush的一款应用，它可以帮助艺术家在虚拟现实的空间中进行作品的绘画。美术指导兼绘画艺术家Wesley Allsbrook认为，“我们应该创作出更多这样的作品。科技领域对于女性来说并不是一个非常友好的地方，但是通过《亲爱的安吉莉卡》这部作品，或许可以让女性能够在科技界找到自己的一席之地。”

《亲爱的安吉莉卡》是典型的科技与艺术融合的成果。虚拟现实科技有了艺术家的加盟，虽然在艺术家看来其内容本身并不复杂，只是一些静态的立体画作的动态叠加。但由于虚拟现实科学家研发的近乎完美的空间绘画工具能够以一种全新的形态完美呈现艺术家的空间艺术造型，并融入艺术家丰富而细腻的情感，以一种前所未有的方式对体验者进行身临其境的震撼性表达，由此而产生的《亲爱的安吉莉卡》被赋予了更具有张力的艺术表现。

2.《VR 中的伯拉诺》

伯拉诺是意大利威尼斯东北部的彩色岛。《VR 中的伯拉诺》（*Burano in VR*）是由艺术家与 VR 工程师合作完成的 360 度水彩 VR 作品，重点呈现了一幅唯美的伯拉诺街景。该作品完整地表现了从水彩绘画的线条绘制到逐层上色，再到最后完成 360 度水彩 VR 作品的过程。该作品的水彩画绘画艺术家是 Maja Wrońska，创意和 VR 合成是 Daniele Pugni，Marco Martina 则担任艺术作品中的动画制作。由于该作品独特的水彩艺术风格与全新的虚拟现实呈现形式，一经面世就征服了许多评委，获得多个奖项。

《VR 中的伯拉诺》所获奖项

下图看到的是《VR 中的伯拉诺》水彩绘画前期的铅笔线稿，以 360 度全景的方式，全方位呈现了伯拉诺街道的建筑、河流、街道和天空。

《VR 中的伯拉诺》的铅笔线稿

下图显示的是伯拉诺街道在铅笔线稿的基础上被逐层上色的过程。置身于 VR 世界，我们可以看到铅笔的线条和鲜艳的色彩在艺术家的笔下逐步鲜活起来，一步步带着我们从虚无的世界进入七彩的伯拉诺世界。

逐步呈现出来的七彩的伯拉诺世界

下图显示的是《VR 中的伯拉诺》展开之后的 VR 全景画面。我们可以看到，展开后的画面对于艺术家来讲完全没有常规透视和空间的概念，因此在创作过程中的难度是不同寻常的。

《VR 中的伯拉诺》全景画面

3.《夜间咖啡馆 VR》

梵高的《夜间咖啡馆》原作

《夜间咖啡馆》（*The Night Cafe in the Place Lamartine in Arles*）是荷兰印象派画家梵高于 1888 年创作的一幅油画作品。梵高希望在作品中呈现一种独特的视觉要素，即一种由笔触本身所带有的生命力、油彩的厚度与明显分开的线条，使整幅画沉浸在一种人为的光线之下的独特视觉效果。在内容表达上，梵高希望表现一群无处可去的失落的群体，一幅悲惨的社会景象，散落在房间里不同位置的哀伤形象令人同情。在色彩运用上，红和绿、紫和蓝之间的微妙冲撞以增强画面的视觉冲击，将咖啡馆塑造成一个可能有人犯罪、疯狂甚至自我毁灭的地方。

《夜间咖啡馆 VR》场景截图

《夜间咖啡馆 VR》中的场景和人物都完美地还原了梵高的画风，那些原本只是静止在画布上的人都动了起来。梵高在谈到《夜晚的咖啡馆》时说：“我试图用红色和绿色为手段来表现人类可怕的激情。”我们进入《夜晚的咖啡馆 VR》后会感受到一种难以言表的冲击力，墙壁、场景、道具给人的感觉正如梵高自己所说，让人感受到恐怖、激情与震撼。墙壁上的灯光发出笔触般的点点光芒，感觉要把人的灵魂吸进去一般。咖啡馆中的人物包括喝咖啡的客人、来回走动的服务生和坐在角落里的梵高本人，他们的动作栩栩如生。通过 VR 设备走进梵高所描绘的《夜间咖啡馆》中，我们感受梵高希望表达的独特的视觉冲击，如大面积的红和绿营造的空间、紫和蓝的微妙装饰；感受梵高式笔触对于光阴的塑造、对于生命的独特呈现。通过 VR 设备在《夜间咖啡馆》空间中行走，我们还可以清晰地看到小蜡烛的闪烁、影子的晃动，从中感悟到梵高作画时的心境。这种进入画中的赏画方式代入感极强，帮助人们深层次地了解画作和作者意图，走入画中描绘的世界，与作者进行了心灵的交流与碰撞。

三、VR 美术馆

VR 美术馆是指使用虚拟现实技术建造的高度仿真的虚拟美术馆，然后将真实世界中的经典美术作品进行亚毫米级精度的高品质数字化，并将之置于虚拟美术馆中，供全世界的美术爱好者参观的一种全新的艺术展现形态。

2017 年 10 月，全球第一个 VR 美术馆荷兰克雷默博物馆（Kremer Museum）在纽约苏富比展出，74 幅世界级名画令观众流连忘返。下图显示的是通过 VR 设备观看到的荷兰克雷默博物馆展厅。

荷兰克雷默博物馆展厅 VR 体验效果

我们可以看到一个与真实博物馆展厅一样的空间。观众不但可以像参观真实的博物馆一样，在豪华的展厅中漫步欣赏世界名画，还可以打破界限无限接近画作，欣赏到名画中精细的笔触和丰富的细节，获得一种极强的身临其境之感。

近距离欣赏世界名画

荷兰克雷默博物馆由荷兰艺术收藏家 George Kremer 与他在 Google 从事虚拟现实技术相关工作的儿子 Joël Kremer 联合创办。为了获得名画完美的细节，他们使用高科技数字智能测量建模技术，从数千张高分辨率图片中获得画作的材质、笔触与光影细节，并将这些信息转换为超高精度的 3D 立体数据信息，最后将这些立体数据信息转换为虚拟名画展品。这些展品以低于 0.01 毫米的高精准度近乎 100% 准确地呈现原画作的细节，参观者可以欣赏到与原作近乎完全一致的高精细作品。为了获得逼真的博物馆展厅感受，George Kremer 邀请纽约知名建筑师 Johan Van Lierop 设计了一种没有重力约束的 VR 展厅空间。Johan Van Lierop 认为，“设计一个没有重力的博物馆是每个建筑师的梦想。在这种环境下，以完美的方式突出每幅作品的细节和独有的特征。” Joël Kremer 认为：“世界上最好的博物馆每年约有 1000 万访客，这是一个惊人的数字，但与全世界的人口相比，它还是太有限了。”荷兰克雷默博物馆可以让全世界更多的美术爱好者方便地参观世界级大师的名作。

第二节　VR 在音乐领域的应用

一、VR 钢琴学习和演奏平台

1.Teomirn

钢琴学习软件 Teomirn

Teomirn 是一款在 MR 混合现实环境下指导人们学习弹钢琴的一款应用软

件，主要运行于 HoloLens 平台。下图显示的是 Teomirn 的设置界面，我们可以选择不同钢琴大师的演奏内容。

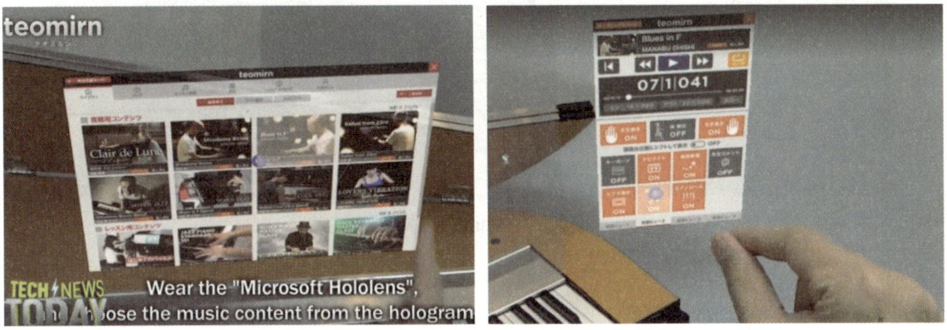

Teomirn 的设置界面

然后，钢琴大师就可以在身边演奏，我们可以从不同角度观察大师表演过程中的弹奏细节，如每个手势的表现技法。

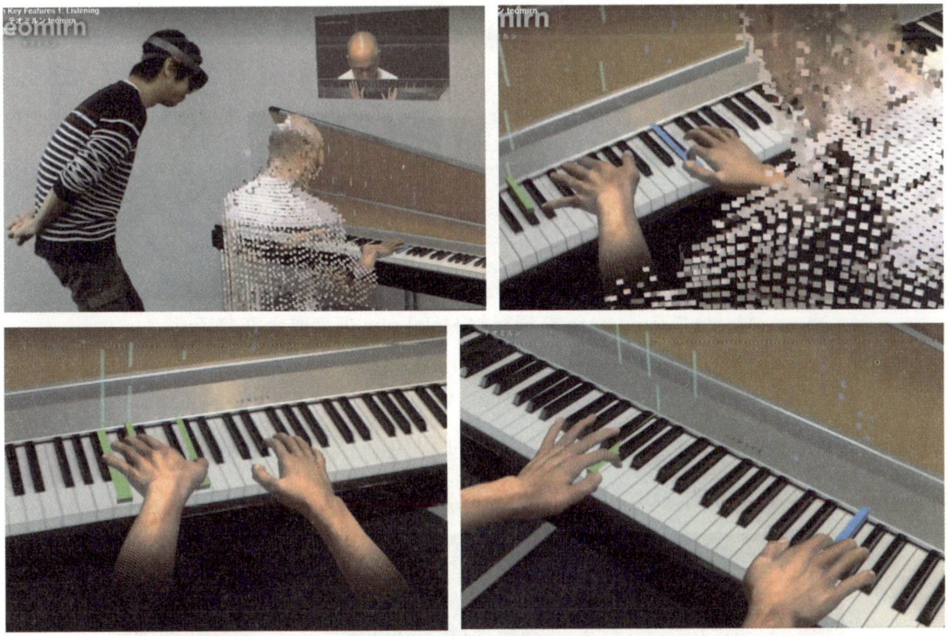

观察钢琴大师表演

此外，在我们自学弹奏的过程中，MR 系统可以帮助我们准确地匹配自己的手指和虚拟手指的对应关系，也可以即时显示在钢琴弹奏过程中下一个按键的位置和相关时间节奏信息。

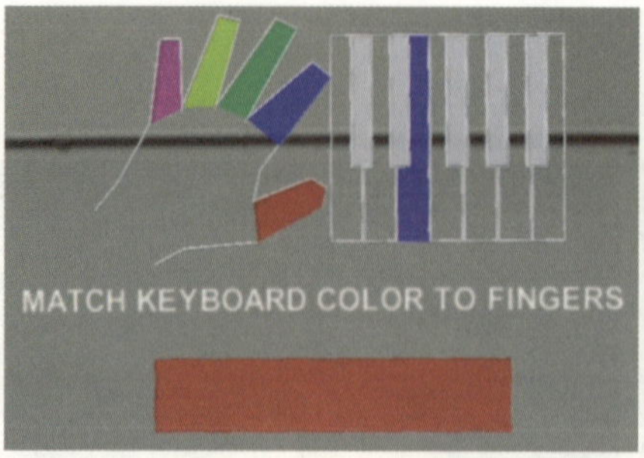

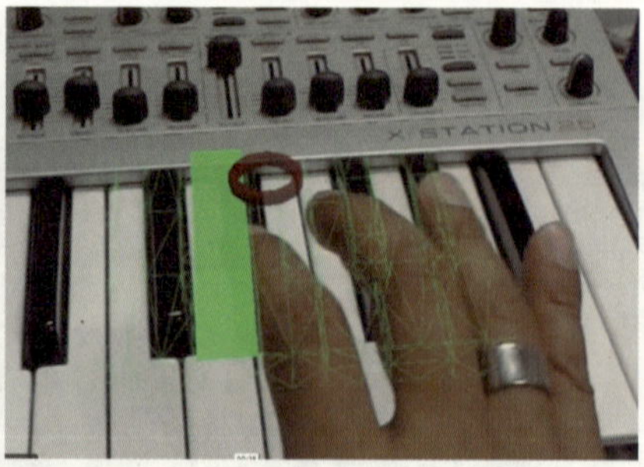

使用 Teomirn 自学弹奏

2. Music Everywhere

Music Everywhere 是一款基于 HoloLens 的 AR/MR 增强及混合现实技术的音乐学习软件。该软件由美国卡耐基梅隆大学研发，具有较高的技术含量和艺术水准。Music Everywhere 获得微软 HoloLens 开发者大赛奖项。

Music Everywhere 获得微软 HoloLens 开发者大赛奖项

戴上 HoloLens 设备激活 Music Everywhere，选择好我们喜欢的曲子，然后就可以开始练习弹琴了。为了让弹奏的过程更有气氛，Music Everywhere 为我们匹配了一个虚拟的乐队，将和我们一起演奏。

Music Everywhere 中的虚拟乐队与我们一起演奏

为了让我们更直观地了解弹奏的相关键盘信息，Music Everywhere 提供了按盘提示。如果我们是初学者或者忘记了弹奏的细节，这种提示能够有效地提升学习效率。

弹奏过程中的按盘提示

此外，还可以在空中显示自动翻页的五线谱、按钮节奏提示及不同层次演奏者的辅助提示。

弹奏过程中的辅助提示

3. VR Piano

VR Piano 是一款逼真的钢琴弹奏模拟应用，由 Fayez Salka 于 2016 年 12 月发布。该视频显示了一款拥有逼真的钢琴结构及琴键力感的精美钢琴，以及使用 Leap Motion 手指追踪设备进行十指精准定位的弹琴过程。下面，我们了解一下相关内容。

首先，VR Piano 应用中显示了一间舒适的琴房及一架精致的钢琴。

舒适的琴房与精致的钢琴

这是一架结构和细节表现都极为逼真的钢琴，在自动播放演奏曲目的过程中，我们可以看到细腻的琴键弹跳力感。

钢琴的整体结构与细节

该应用还能显示完整的音轨，其中图中发光的是弹中的音轨，音轨的长度为琴键弹奏的音长，蓝色和红色为两只不同的手弹奏的效果。

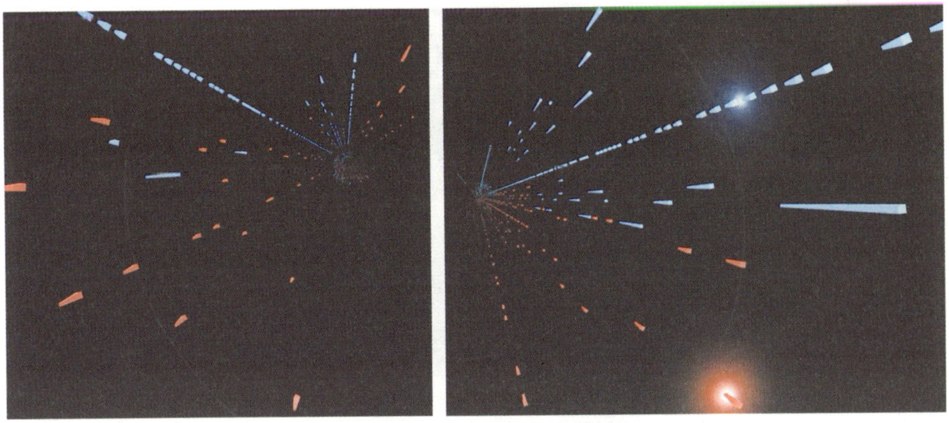

在空间中显示弹奏过程的完整音轨

接下来，我们简单地体验一下单手和双手的弹奏效果。首先，因为该应用采用了 Leap Motion 的十指关节追踪技术，因此当我们伸出双手时，十根手指的关节都被跟踪记录下来。于是，我们用十指在桌面演奏的时候，虚拟现实中呈现出来的就是我们弹奏在钢琴的琴键上。

采用十指关节追踪技术进行钢琴弹奏

从 VR Piano 这个应用中，我们可以了解到十指关节追踪技术的虚拟现实钢琴弹奏是非常有趣的体验。任何人不需要购买昂贵的钢琴，只要戴上 VR 设备就可以体验到逼真的钢琴弹奏。这将为未来作为音乐艺术教育基础的钢琴演奏的全面普及做好了技术层面的铺垫。

4.Concerto

Concerto 是一款由 CMR Games 研发的进行虚拟现实钢琴演奏的应用。该软件的宣传口号是 “将您打造成虚拟演奏家”，研发了帮助新手学习成长到殿堂级大师的进阶路径。

Concerto 中华丽的琴房

Concerto 中指导新人学习音乐演奏的各种辅助手段

Concerto 提供了丰富的演奏场景，帮助学习者体验在不同环境中进行演奏的情景和不同的效果。下图显示的是在酒吧中演奏的场景。

在酒吧中演奏

下图显示的是在大型音乐厅中演奏的场景。这种置身于大型音乐厅，并面对成百上千的观众进行演奏，对于普通音乐爱好者来讲，能够以极低的成本获得前所未有的演奏体验；对于新手和学习者来讲，则是不可多得的学习和练习机会，将为未来的真实演奏积累经验。

在大型音乐厅中演奏

二、VR 音乐制作工具

1.Exa VR Music

Exa VR Music 是一款 VR 音乐制作软件，其宣传口号是“Exa: 无限的乐器”。

Exa VR Music 宣传海报

下面显示的是 Exa VR Music 的工作界面。左图显示的一根根柱状的东西是弦类乐器的表现方式，可以单根小柱子上敲击或者多根柱子上拖动，以演奏出单弦或者和弦的效果。右图为键盘类乐器，可以直接敲击进行弹奏，也可以采用不同的排列组合以实现不同的声音效果。

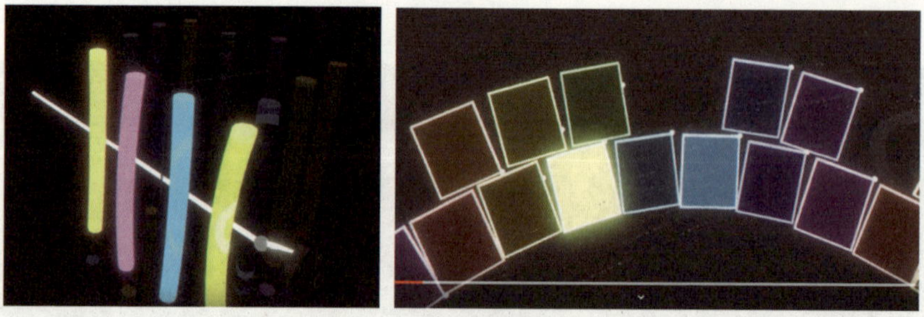

弦乐和键盘

下面左图显示的是鼓的工作界面，右图显示的是合成器，通过敲击就可以实现打鼓或者击打合成器的效果。

鼓和合成器

下图显示的是为弦乐、键盘、鼓、合成器等设置不同乐器类别及乐器声音效果的工作菜单。

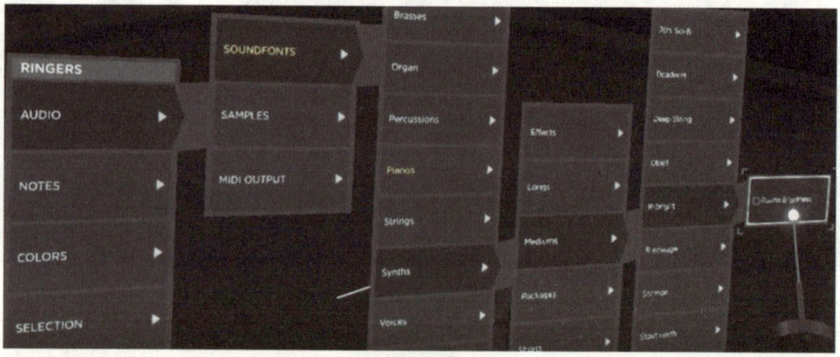

工作菜单

在音乐制作过程中，创作者可以设置好音乐节奏和音色效果，然后开启录音。通过对事先设置好的不同音色及组合的键盘模式进行演奏，并将相关演奏内容录制下来形成该乐器的音轨素材。使用同样的方式也可以进行其他乐器演奏与录制，如对鼓的节奏和音色进行演奏和录制。

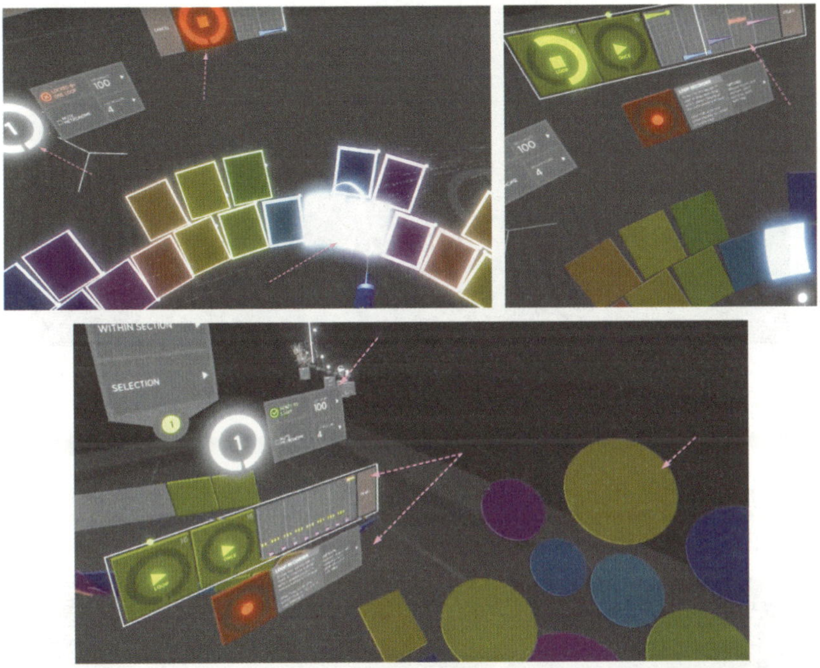

乐器演奏与录制

多种乐器的演奏逐一录制完成后，就可以将它们进行同步组合播放，以测试整体效果。下图显示的是两个键盘以不同的音色演奏，并且与鼓进行同步演奏。这样就可以实现一个人将多个乐器进行同步演奏，进而实现整个乐队表演的效果。

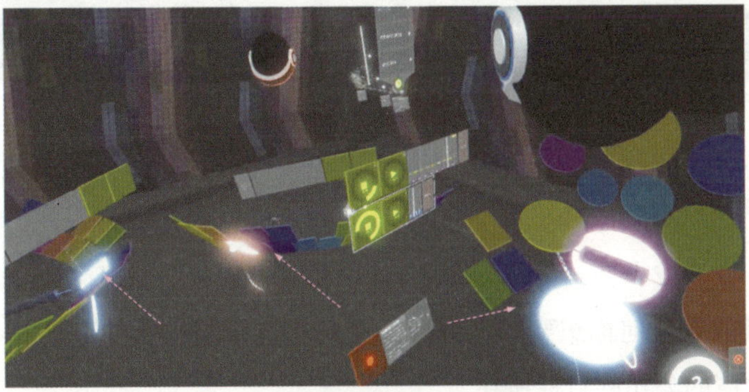

一个人同步演奏多个乐器

下图显示的是 5 人同时演奏 5 个不同乐器的组合演奏效果。事实上除了中间这位真人以外，另外 4 位都是其将前面录制的演奏组合到一起后呈现出来的多人演奏效果。这种个人实现多人演奏效果非常有乐队感，对于个人创作者具有独特意义。

个人创作者实现乐队演奏效果

此外，我们还可以将前面逐一录制的不同乐器的音乐素材进行整合，最终制作出十分复杂的音乐。下图显示的是音乐剪辑与合成平台，我们可以看到不同的乐器和不同的音乐素材整合在统一的平台中。

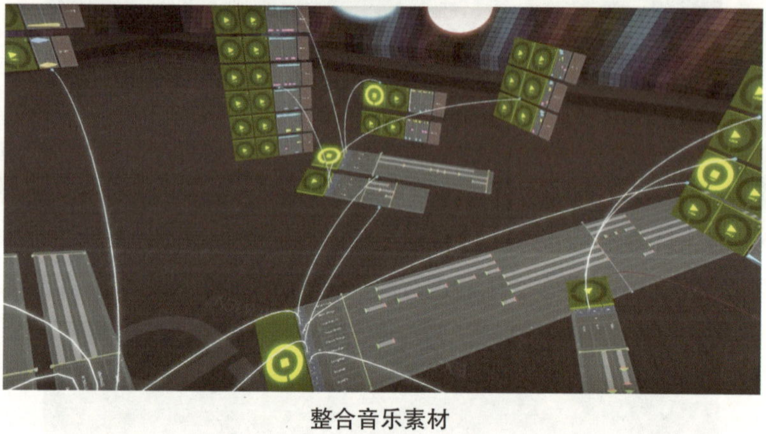

整合音乐素材

2. Lyra VR

“对于音乐或声音，我们很难在 3D 中将其可视化。但现在借助虚拟现实，你可以将其放在任何你想要的地方。”可视化音乐制作软件正是 Lyra VR 这家来自中国台湾的公司的目标所在。

LyraVR 宣传海报

如果一个音乐制作人想要一个可以进行音乐创作和音乐表演的空间，不受真实世界限制而自由地试验音乐制作，那么 Lyra VR 将是其梦寐以求的创作工具。Lyra VR 不仅提供了一种沉浸式体验音乐的全新方法，更是一个制作音乐的创新性工具，只需戴上 VR 设备挥动双手就可以创作出美妙的音乐。

Lyra VR 中的每个器件代表一种乐器。该软件有一系列默认的器件，用户也可以使用这些器件调节出任何自己期望的音色效果的乐器，并进行演奏。用户将不同的乐器进行演奏，然后将一系列演奏的乐器组合起来，就可以创作出丰富的音乐。

下图显示的是用户在使用 Lyra VR 中的键盘进行音乐演奏，演奏过程被记录在空间中连续的节点上，这样就可以获得键盘的演奏旋律。

在 Lyra VR 中进行键盘演奏

用户可以对鼓的位置和音色进行自由的调节和排布，然后就可以开启录音进行演奏。演奏过程中的鼓声节奏被记录在空间一系列连续的节点上，这样就可以得到关于鼓的节奏素材。

在 Lyra VR 中进行鼓的演奏

除了演奏可以获得旋律和节奏以外，用户也可以使用 VR 手柄进行音乐节点的创建，然后将不同音高的节点逐一连接起来，形成新的旋律或新的节奏。编辑这些节点可以制作出循环的旋律和节奏，以便后期制作合成时使用。

制作循环旋律和节奏

此外，Lyra VR 拥有丰富的音乐特效滤镜工具，用户可以对每一组音乐元素，包括旋律或节奏进行特殊效果的滤镜处理，进而得到不同的声音效果。

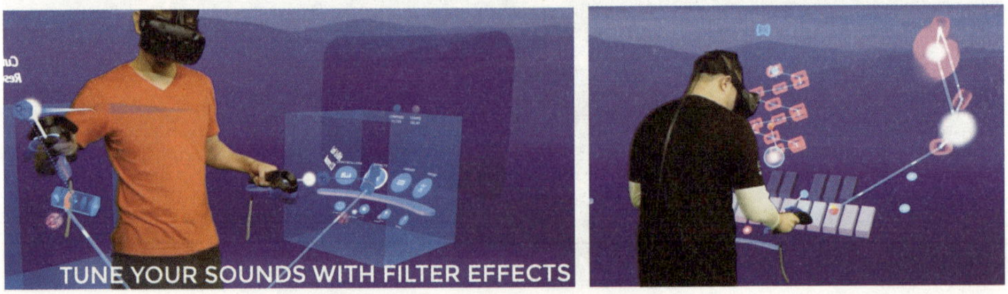

使用效果滤镜对声音进行特效处理

当我们制作完成一系列不同乐器和效果的旋律素材和节奏素材后，就可以进入音乐编辑合成阶段，将其编辑合成为一首完整的音乐。

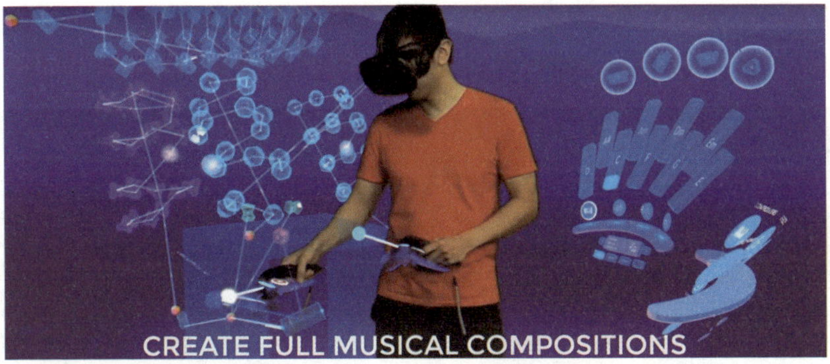

将不同的音乐素材合成为完整的音乐

Lyra VR 在其官方网站上重点传递了两项关于 Lyra VR 的信息：第一，Lyra VR 是一款先锋音乐软件，致力于为那些想使用虚拟现实进行音乐呈现的音乐制作人提供下一代创作工具，以实现虚拟现实沉浸式音乐体验；第二，Lyra VR 致力于创建虚拟交响乐，帮助音乐制作人将自己完全沉浸在音乐中，与自己的音乐作品进行前所未有的互动，进而打造出惊人的音乐，并且方便地与朋友、歌迷或合作者分享。

三、VR 音乐游戏

1.《音盾》

《音盾》是由 Dylan Fitterer 开发的一款 VR 音乐节奏游戏。

《音盾》宣传海报

在《音盾》的体验过程中，当音乐启动，远处就会有类似外星生物的东西飞向我们。我们则手持红色和蓝色的两块盾牌，去分别阻挡红色和蓝色的飞行物。当盾牌挡住飞行物后，就会破碎并向周围飞溅。除了红色和蓝色，还会有紫色的生物飞过来，这时我们需要双手并拢联合进行阻挡。

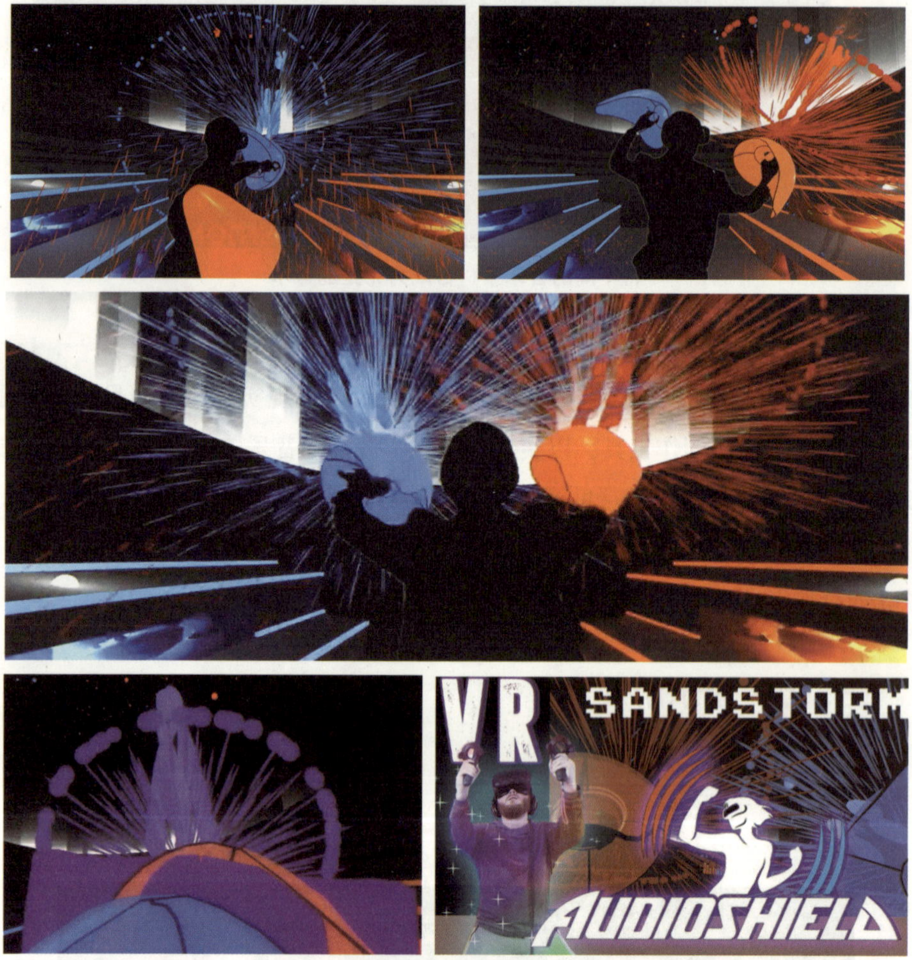

体验 VR 游戏《音盾》

除了在游戏中预置的音乐以外，玩家还可以导入自己喜欢的音乐。《音盾》可以扫描任意一个 MP3 文件，为其难度评级并转换成游戏内容，玩家就可以将自己喜欢的音乐制作成 VR 游戏体验。随着选择音乐的难度加大，玩家面临的飞行物也将越来越复杂，越来越难以抵挡，这时玩家就需要更快更准地挥动音盾去迎接调整。

2.《节奏光剑》

《节奏光剑》是由 Hyperbolic Magnetism 工作室研发的音乐节奏游戏。该游戏在前面章节中已经有过深入的分析，这里再次提出主要有两个原因：第一，《节奏光剑》是一款非常优秀的音乐游戏，甚至可以说是全世界最优秀的沉浸式音乐体验游戏；第二，前面章节侧重于游戏玩法，而本节更侧重于音乐体验。

《节奏光剑》宣传海报

首先，从音乐体验的角度来讲，《节奏光剑》帮助大众身临其境地体验音乐的节奏和旋律，让人们在挥舞光剑的过程中翩翩起舞，使得向大众普及音乐变得前所未有的休闲和快乐。

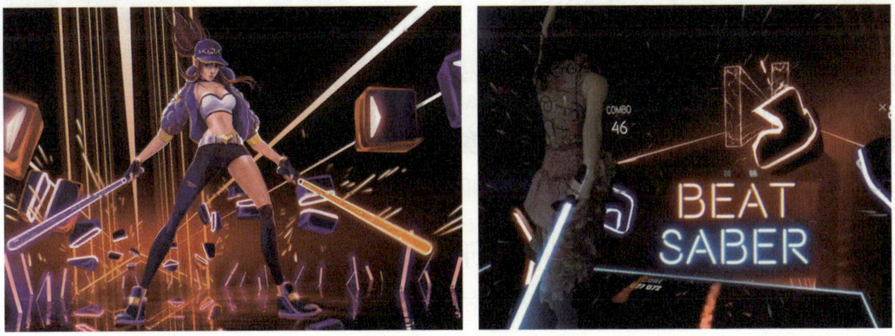

《节奏光剑》玩家形象

其次，《节奏光剑》巧妙地将音乐和体育锻炼结合起来，让更多的人在欣赏美妙音乐的同时锻炼身体。这对于那些常坐在电脑前工作而缺少运动的群体而言，确实是一个极好的放松身心和锻炼身体的方式。

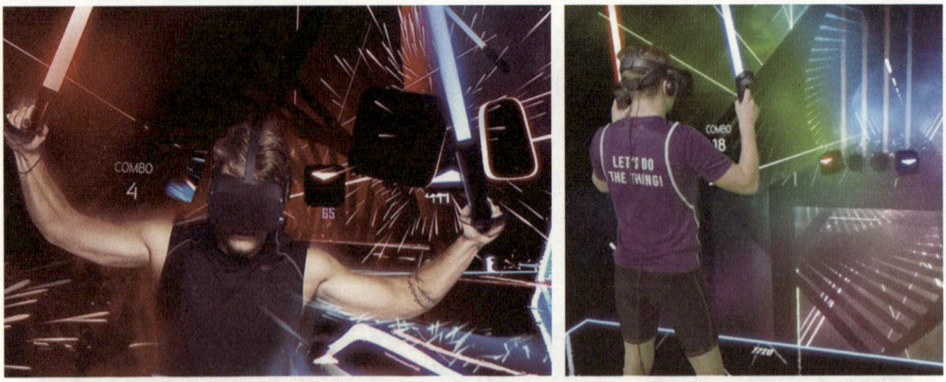

在欣赏音乐中锻炼身体

第三节 VR在舞蹈领域的应用

一、Dance-Virtual

Dance-Virtual 宣传海报

Dance-Virtual是由虚拟舞蹈公司研发的一款VR舞蹈应用软件。开启软件后，我们来到一个舞蹈教室，身边有一个魔法球。如果我们不喜欢现在的舞蹈教室，可以在魔法球中选择自己喜欢的环境，然后进入自己喜欢的世界。下图显示的是Dance-Virtual软件的使用界面。左图为在舞蹈教室中拿起魔法球，右图显示进入海边环境进行跳舞。

选择不同的舞蹈环境

在 Dance-Virtual 中，我们可以依据跳舞参考图矫正自己的舞姿。如下图所示，清晰的网格参考线帮助我们精准地定位细节姿态，侧视图和俯视图帮助我们精准地调节全身姿态。

依据跳舞参考图精准地纠正舞姿

如果我们在 Dance-Virtual 中已经学习了一些基本的舞步，就可以尝试进入不同的舞蹈空间，与更多的舞友一起跳舞。下图显示的是玩家在不同的场景中多人合作跳集体舞。其中，左图为 3 个舞友在室内空间跳舞，右图为 5 人小组在室外空间跳舞。

多人合作跳集体舞

如果我们对基本的舞步非常熟悉，甚至在多人集体跳舞中已经有经验的积累，那么接下来就可以进入激动人心的时刻了，找个自己中意的舞伴开始“舞林高手之旅”。

与舞伴跳舞

我们可以借用 Dance-Virtual 官方的介绍来总结该应用：“跳舞很性感，但跳舞也很困难。因为跳舞学习起来并不方便，而且很容易在学习跳舞的过程中冲撞到别人。虚拟现实舞蹈让你学习跳舞更容易，使用我们的应用程序可以选择多种舞蹈风格，如萨尔萨舞、巴卡塔舞、舞厅舞、摇摆舞或乡村舞，并在家里方便地从经验丰富的舞蹈老师那里获得课程。”

二、VR 舞蹈展示应用

在虚拟现实中，我们不仅可以方便地学习跳舞，还可以选择不同的跳舞场景。下面，我们通过 VR 社交应用中的跳舞表演、俱乐部舞蹈派对、沉浸式全景视频等介绍 VR 舞蹈的展示应用。

1.VR Chat

在前面的课程中，我们已经介绍过 VR Chat 的情况。VR Chat 是一款非常火爆的社交应用，数百万人在其虚拟的世界中社交与游玩。随着虚拟现实技术的发展和用户的增加，VR Chat 未来的用户数量不可限量。在 VR Chat 中跳舞是一件很酷的事，用户只需要增加三个价格不高的 VR 跟踪设备 Vive Tracker 就可以实现全身动作捕捉，进而实现在 VR 世界中自由地跳舞。下图显示的是舞者在 VR Chat 中跳舞，并吸引了许多粉丝。

在 VR Chat 中跳舞

2. Club Dance Party VR

Club Dance Party VR 宣传画面

Club Dance Party VR 是由 Studio Odin 开发的一款跳舞游戏。该游戏的宣传口号是“帮助辛苦工作的人们释放压力，与虚拟舞伴一起随着节奏摇摆，在充满真实感的 VR 夜总会中感受到激情的节奏， 在家里也可以享受的新概念夜总会舞蹈派对”。

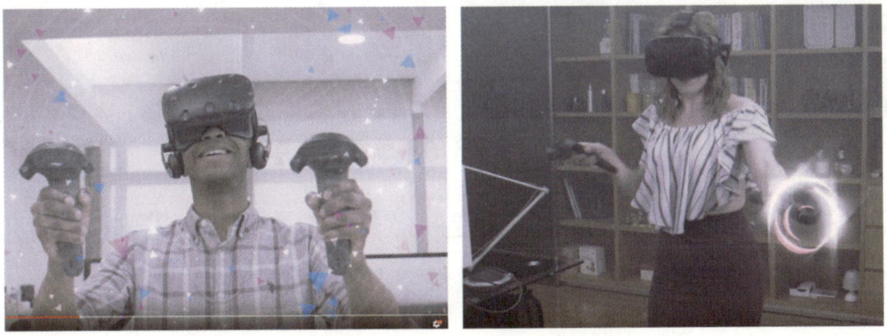

体验 Club Dance Party VR

该应用拥有充满现场感的 VR 立体音响，操作方法简单直观，让体验者在快乐的游戏过程中实现运动减肥。体验者佩戴 VR 头盔后，享受真实的舞蹈旋律，欣赏虚拟舞伴曼妙的身姿，与魅力舞伴进行怦然心动的舞蹈互动，还可以为舞伴选择心仪服装和舞蹈动作。

Club Dance Party VR 的舞蹈角色与舞蹈互动

总体来讲，Club Dance Party VR 是一款舞蹈节奏游戏，需要根据音乐的节奏进行交互激活游戏中舞蹈者更多的跳舞姿态，并赢得胜利。

3. 全景广场街舞

我们将了解的是 VR 全景视频记录的广场街舞作品，由三星 Gear VR 360 平台拍摄制作。

VR 全景广场街舞

VR 全景视频最突出的优势是能够在一个视频中将拍摄现场的全部环境、人物和现场氛围一览无余地拍摄下来，让 VR 内容体验者能够身临其境地体验到现场的效果。下图是在全景展开模式下我们所看到的广场街舞现场，许多观众在观赏热烈火爆的多人群舞。

VR 全景视频中的广场街舞现场

我们通过 VR 设备可以看到舞者在身边展现出生龙活虎、姿态各异的劲爆舞姿。

舞者在劲爆热舞

下面显示的是两个舞蹈团队分别在我们的左侧和右侧激情地对战。当我们身处其中，看着舞者围着我们疯狂起舞，那种激情的、热烈的、火爆的现场感令人印象深刻。

两个团队在激情对战

VR 全景视频在表现这种较大规模的群体活动现场时具有得天独厚的优势。它能够完美记录现场的热烈场面，并通过 VR 技术呈现到体验者面前，适合展现气氛热烈的广场街舞。

4.《夜幕降临》

我们将带大家体验的是 VR 全景芭蕾舞《夜幕降临》。

《夜幕降临》宣传海报

Samhound VR 公司联手荷兰皇家芭蕾舞团、三星制作出一部能够让观众参与其中的 VR 芭蕾舞剧《夜幕降临》。该剧中的芭蕾舞蹈由前荷兰皇家芭蕾舞团舞蹈家 Peter Leung 精心设计，英国艺术家 Robin Rimbaud 谱曲，使用诺基亚 360 度全景 VR 相机 OZO 进行拍摄。

《夜幕降临》拍摄现场

虽然这个 VR 芭蕾舞作品的拍摄过程非常艰辛，但最后在 VR 中呈现出来的效果是令人欣喜的。当体验者戴上 VR 设备进入《夜幕降临》之中，由烟雾形成的生灵伴随着舞者的身姿在舞台周围来回游动，在场景中时而出现时而消失，时而把舞者带到舞台中心时而又把舞者带走，让观众在体验的同时又感受到一种对芭蕾舞艺术的欣赏和沉浸其中。

《夜幕降临》体验现场

《夜幕降临》中的小提琴家全身穿着黑色服饰，时刻与舞者互动，而舞者随着现场的音调和色调调整动作。经过巧妙设计的灯光，暗淡却疏朗，再加上没有经过设计的场景，给芭蕾舞增加了不少神秘感。作为舞蹈在 VR 领域的全新尝试，《夜幕降临》使用 VR 技术让舞蹈艺术有了一种全新的艺术表达方式，让更多的人能够身临其境地感受到高雅的舞蹈艺术。

下面，我们通过 VR 全景视频中的画面简单了解一下《夜幕降临》的内容。当我们戴上 VR 设备进入《夜幕降临》中，发现自己置身于一个空旷的舞台，片名 *Night Fall* 出现。如下图所示。

进入《夜幕降临》

烟雾萦绕，一位帅气的乐手拿着小提琴缓缓地走到我们面前。然后，他举起小提琴，开始忘情地演奏。

小提琴乐手准备演奏

在我们的右侧，一列身着华美服饰的芭蕾舞演员缓缓入场。其中，一位美丽的芭蕾舞演员轻盈地飘动到我们的旁边。

芭蕾舞演员入场

美丽的芭蕾舞演员被乐手演奏的音乐所打动，围绕着他翩翩起舞。远处越来越多的芭蕾舞演员以轻盈的步伐、曼妙的舞姿经过我们的身旁，他们不时地与我们进行眼神的交流。

芭蕾舞演员忘情表演

在一段优美而惊艳的芭蕾舞表演后，美丽的舞者退到后场，乐手则优雅地走到了我们的身边。

表演结束

云雾再次缓缓地流动，直到充满了整个舞台，整场芭蕾舞表演缓缓落幕。

演出缓缓落幕

三、VR 沉浸式交互舞蹈艺术作品

《火鸟－仙女》（*Firebird-La Peri*）是一款由法国 Innerspace VR 公司制作的以古典音乐芭蕾舞为基础的解谜主题的沉浸式交互体验作品。该作品取材自保罗·杜卡斯（Paul Dukas）谱写的古典芭蕾舞。作品体验者将扮演一名寻找“永生之花”的王子（Iskender），在各种场景中收集花瓣，唤醒被封印的仙女。

《火鸟－仙女》宣传海报

该作品主要描述了爱跳舞的仙女遭到封印，而身为王子的 VR 体验者为了解除仙女身上的封印，需要寻找“永生之花”而展开冒险。体验者在追寻被仙女守护的神器的过程中，看到了不同的影像世界，而舞姿曼妙的仙女在这个过程中逐渐浮现。

《火鸟－仙女》主界面

下面我们通过作品中的一个片段来简单了解《火鸟－仙女》一些具体信息。下图显示的是我们持手电筒，看到远处的地面躺着一位奄奄一息的女孩。当我们靠近她，把之前获取的“永生之花”赋予她后，可以看到她缓缓地苏醒过来，并慢慢地站起来。

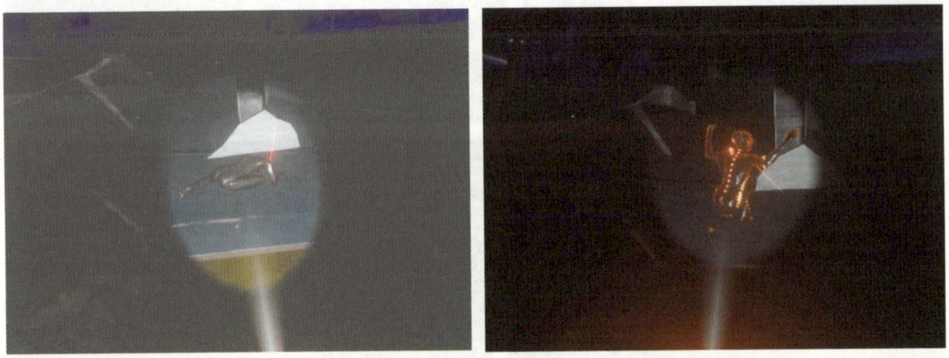

仙女缓缓苏醒

仙女醒来后，开始跳起舞来，并缓缓向我们靠近。她的身上散发出耀眼的光芒，她的舞姿也越来越轻盈，越来越充满激情。

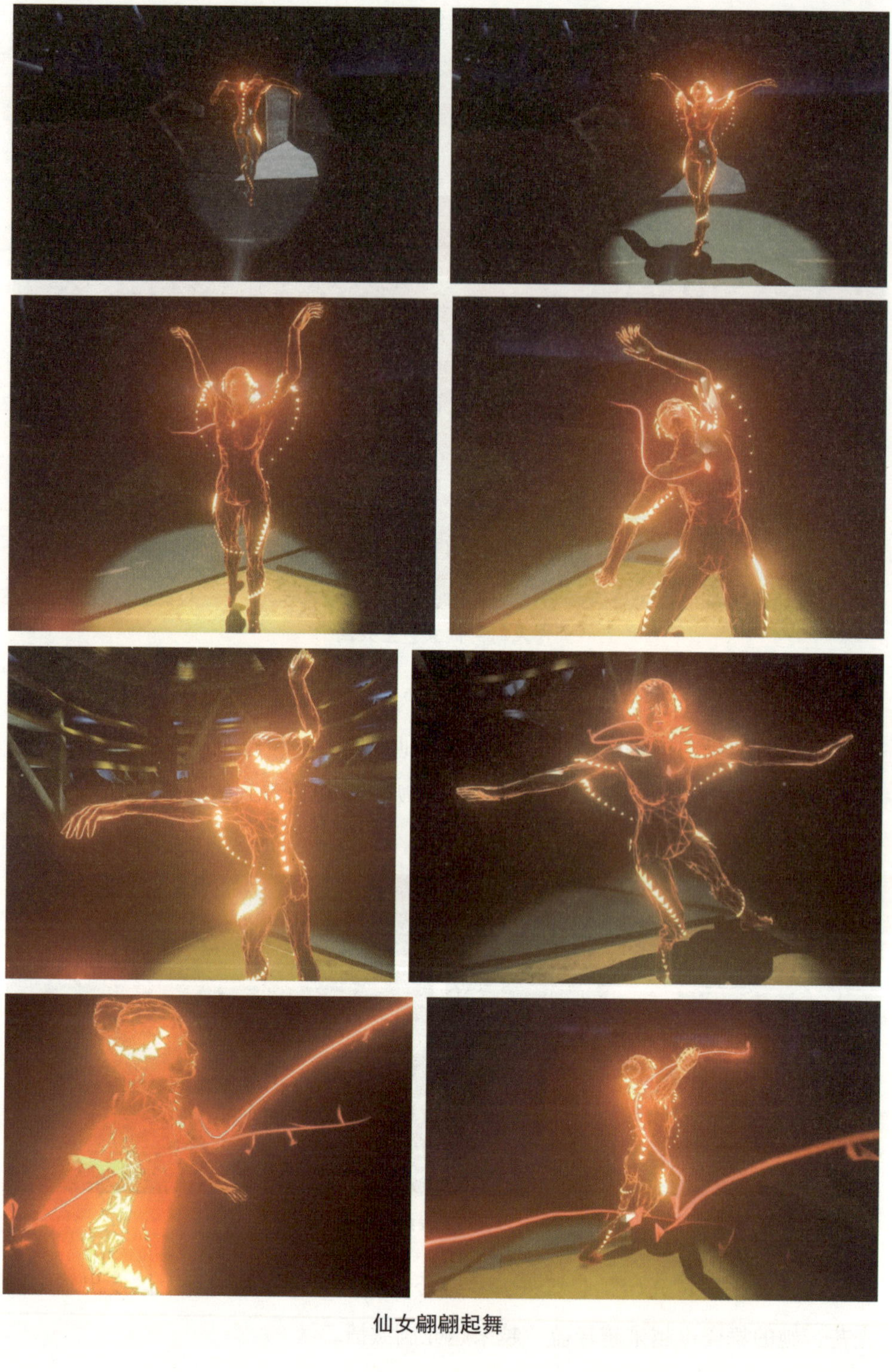

仙女翩翩起舞

这是一段让人印象深刻的沉浸式舞蹈体验。在这个充满神秘色彩的环境中，看着仙女在自己身边展现的曼妙舞姿，让人久久难以忘怀。作品中舞蹈、音乐、故事线与 VR 科技的结合成为非凡体验的经典，这个令人惊叹的 VR 沉浸式交互舞蹈作品获得了多个奖项。

《火鸟－仙女》获奖情况

第四章　虚拟现实在军事、医疗领域的应用及案例分析

本章主要讲述 VR 在军事、医疗领域的应用案例，包括两部分内容：一是 VR 在军事训练领域的应用，介绍了美国、英国、俄罗斯、韩国在使用 VR 进行军事训练方面的应用案例；二是 VR 在医疗领域的应用，包括 Acadicus VR 医疗培训平台和 Simx VR 医学仿真系统。

第一节　VR 在军事领域的应用

一、美国 VR 军事应用

1. 陆军步兵训练系统

陆军步兵训练系统（Dismounted Soldier Training System，简称 DSTS）是美国于 2012 年开始研发的 VR 仿真训练系统。该项目投资 5700 万美元，使用著名游戏引擎 CryEngine 进行开发。陆军步兵训练系统是全球第一个完全沉浸式的步兵 VR 仿真训练系统，也是美国、欧盟使用的几种 VR 训练系统之一。

陆军步兵训练系统

陆军步兵训练系统不是一款常规的电脑游戏，而是综合应用各种虚拟现实技术和虚拟仿真装备的全方位仿真临战训练系统。虚拟训练的环境与真实战场基本一致，环境中的敌对目标与真实战争基本一致，训练士兵使用的武器装备与真实武器完全一致，训练士兵的编队方式、作战方式与真实作战完全一致。训练内容包括海上登陆、空降作战、载具操控，以及不同战场、不同气候环境、不同敌对目标的作战训练、编队配合、伤员救护等一系列高仿真模拟实战环境下的各类型综合训练科目。

陆军步兵训练系统宣传画面

在训练过程中，训练士兵需要穿戴 VR 头盔、虚拟摄像头、振荡器、动作捕捉传感器及背包电脑、无线发射接收装置，配备可以实现虚拟射击效果的真实武器装备。整个作战小组成员在装有传感器的足垫上，配合移动控制遥感实现团队作战的全方位虚拟实战训练。由于使用了当时最先进的虚拟现实显示系统、动作捕捉系统及真实武器装备配合高仿真软件平台，该系统的仿真性及身临其境的作战体验效果明显，训练效能显著。

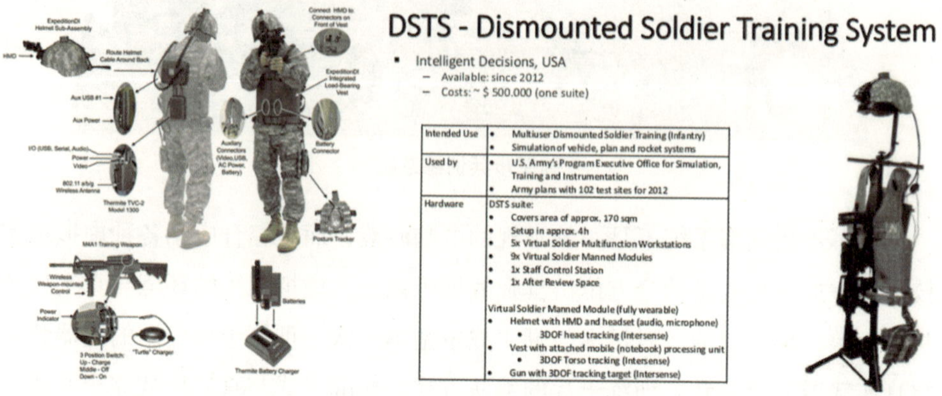

陆军步兵训练系统说明书

接下来，我们将使用美国 AiirSource 军事频道公开信息中的内容，向大家介绍美军训练基地内一组陆军士兵使用陆军步兵训练系统进行战术训练的相关内容，目的是让内容设计者认识到 VR 技术在严肃的军事训练中同样拥有广阔的应用空间。

2013 年 11 月 12 日，美国陆军士兵被分配到 412 个航空支援营后，其中一组士兵在德国格拉文沃尔第七陆军联合多国训练司令部使用陆军步兵训练系统进行训练。下图显示的是训练士兵需要穿戴全身动作捕捉传感器，以有效捕捉士兵的全身动作并将其传输到虚拟环境中，让共同训练的战友能了解其一举一动。

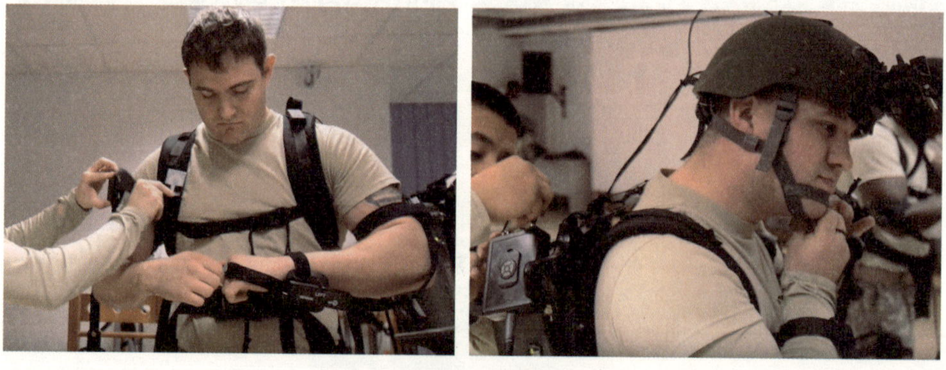

训练士兵穿戴动作捕捉传感器

然后，训练士兵需要穿戴 VR 头盔。这是让士兵进入沉浸式虚拟训练空间的关键装备，非常小巧且可以调节瞳距及相关显示属性。

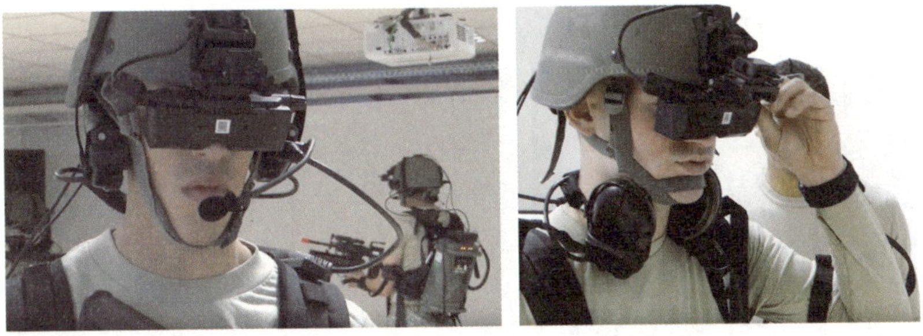

穿戴 VR 头盔

训练士兵需要使用具有虚拟射击功能的真实武器装备，这种装备的重量及操作方式与真实武器完全一样。下面左图拇指的位置安装了一个特殊的摇杆，可以帮助士兵进行自由的空间移动。

具有虚拟射击功能的真实武器装备

在 2012 年该装备使用之初，计算机无线信息传输速率有限，需要训练者背负一台背包式电脑。目前这种设备已经被简化，使用台式电脑的无线传输装置，不需要背一台电脑在身上进行训练。

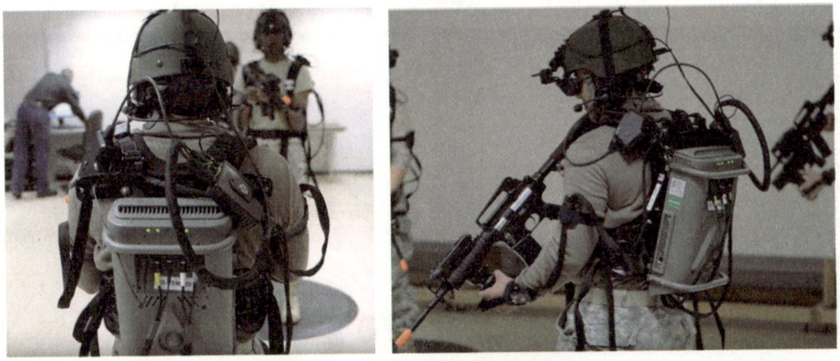

使用背包电脑进行数据运算

根据陆军士兵的编制，9 位士兵组建为一个基本作战单位。当士兵们都穿戴好 VR 训练设备和实战配比的武器装备后，一个虚拟现实训练团队基本形成，他们就可以进入后续的训练科目了。

全副武装的虚拟现实训练团队

在训练系统载入之后，各队员与服务器连接，服务器端显示出每一个队员的基本情况。队员也能在虚拟现实里出现在同一环境中，直观地了解各队员的基本情况。此外，系统管理员对相关训练信息进行设置，如训练环境、训练科目、训练难度等，设置完成后正式载入训练内容。

系统管理员在设置相关训练信息

下图显示的是训练过程中对于训练环境及相关训练内容参数的设置，可以从中看到训练环境是基于真实地理信息而设置的。

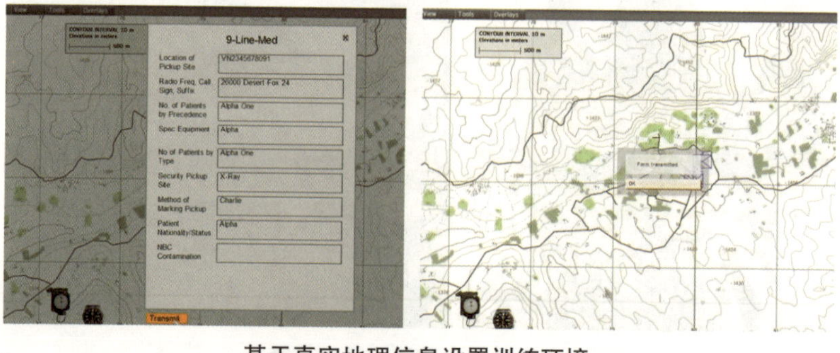

基于真实地理信息设置训练环境

系统管理员向训练士兵交代训练过程中的注意事项和沟通方式，然后正式进入虚拟战场。训练士兵能够看到自己和战友已经到达某战场，全副武装即将开始全新的战斗任务。

训练士兵进入虚拟战场

陆军步兵训练系统的训练科目非常丰富，几乎涵盖了真实战场可能涉及的所有关键领域。下图显示的是空降作战训练的部分内容，其中包括大型运输机、鱼鹰直升机、黑鹰直升机的空降作战训练等。

大型运输机、鱼鹰直升机、黑鹰直升机的空降作战训练

当士兵空降后，可以很快投入野外作战训练单元。士兵依据训练小队中各自的武器装备和功能安排在队长的指挥下各就各位，进行相互配合的团队协同作战。

野外作战训练

野外作战训练到一定阶段，攻击目标进一步明确和集中后，可以对明确的城镇或村庄目标设定任务。根据战场的主要特征，针对不同类型的城镇、村庄环境进行相应的作战训练，积累战术经验。

不同类型的城镇、村庄环境作战训练

此后进入室内作战训练环节。在这种环境中，针对高质量的敌对目标识别、合理攻击、自我保护等进行必要的训练，以及资深战士在实战场景中的经验及教训分享。

室内作战训练

此外，对于战场中经常发生的一些特殊任务也将进行深入训练，如载具使用训练。该训练让士兵了解如何使用重要载具，以及在使用载具过程中可能出现的常见状况和合理处理方法。

载具使用训练

重型武器的使用训练也是陆军步兵训练系统中非常重要的环节。在这个环节中，训练者可以实际应用与真实环境完全一致的武器装备，进行非常接近实战环境的重型武器使用训练。

重型武器使用训练

针对实战环境中可能出现的对我方危害比较突出的敌方重要武器类型的使用意图和使用方式进行分析，可以让训练士兵更清楚地预判战场情况可能存在的变化，以提供应对策略。下图显示的是陆军步兵训练系统中，敌方强杀伤力武器作战意图分析、敌方攻击方式分析、我方可能受到的威胁效能分析等。

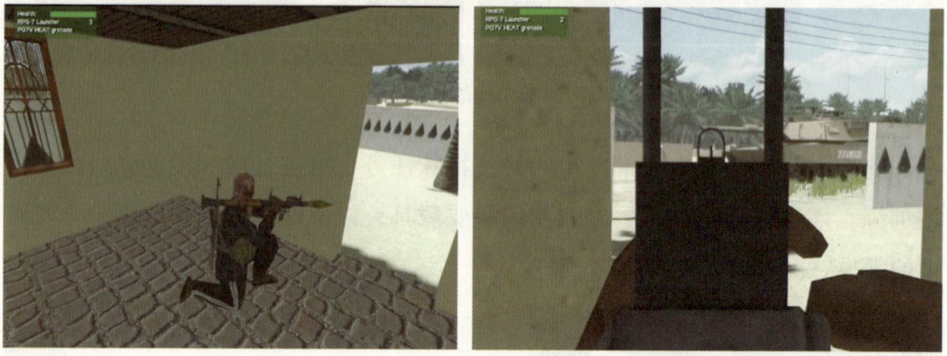

敌方强杀伤力武器作战意图及攻击方式分析

在陆军步兵训练系统中，除了作战训练，还提供了伤员救护训练内容，以指导士兵在面对严重袭击导致战友伤亡后，如何更规范、科学地处置伤员。

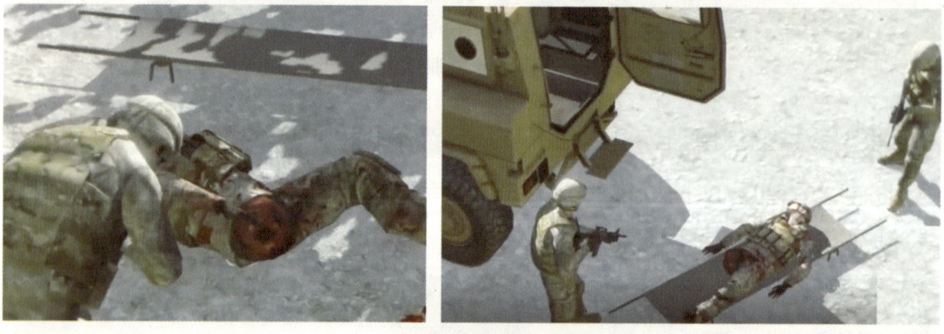

伤员救护训练

由于篇幅所限，这里只对相关内容进行简要介绍，其目的是让学习虚拟现实内容设计的同学们了解到虚拟现实能够提供基于真实战场环境的作战训练，而且培训的内容可涵盖真实战场的方方面面。事实上，这里介绍的内容是 2012 年的训练方式。该案例所涉及的虚拟现实技术和内容研发水平非常有限，今天显然能够实现更高层次的目标训练应用效能。

2. 综合训练环境系统

综合训练环境系统（Synthetic Training Environment，简称 STE）是由著名游戏设计公司波希米亚互动工作室（Bohemia Interactive Simulations）与美国军方合作研发的未来战场训练系统。

综合训练环境系统

综合训练环境系统研发的目的在于帮助增强军事训练的实施方式，为士兵创建统一的训练环境，使他们在真正踏入战场之前进行数十次、数百次的实战训练模拟。该系统利用云计算和最新的虚拟现实技术，允许士兵通过 VR 头显或 MR 设备与自己的队友一起传送至任何国家或地区。波希米亚互动工作室首席商务官彼特·莫里森（Pete Morrison）表示："作为美国陆军综合训练环境系统合同的一部分，我们正在开发一个由云计算驱动的大型多人训练模拟环境，并且利用了地球的通用地形。这将能帮助陆军在虚拟地球的任何位置进行复杂的虚拟训练。综合训练环境系统将利用云技术在任何需要的地方提供训练，从而确保为一系列不同的模拟系统提供通用且高保真的全地形标识。"

尽管无法完全取代实战，但综合训练环境系统旨在支持士兵在需要时能够随时随地进行训练。这意味着它可以部署于装备精良的战斗训练中心，甚至在外驻扎期间。它同时可以针对各种不同的训练场景进行调整，不仅可以选择不同的敌人，而且能够模拟一系列的战斗情景。通过在训练期间实时采集数据点，军队可以在问题出现之前予以发现、确认并尽可能地将其排除。

接下来，大家将看到的是波希米亚互动工作室于 2019 年 5 月发布的综合训练环境系统最新内容的宣传影片《在虚拟地球任何地方展开的军事训练——VBS 综合训练环境》（*Train Anywhere on the Virtual Earth—VBS Synthetic Training Environment*）。该系统模拟未来美国与俄罗斯在欧洲发生的战争，采用美国和俄罗斯现役最先进的武器装备，包括隐形战斗机、隐形轰炸机、第 4 代主力固定翼战斗机、主力武装直升机，最先进的空空导弹、空地导弹，以及最先进的防空火力、主力装甲战车，等等。下图显示的是综合训练环境系统的全球到达地理信息数据。

综合训练环境系统的全球到达地理信息数据

下图显示的是在综合训练环境系统中模拟美国超音速变后掠翼远程战略轰炸机 B-1“枪骑兵”，对敌方地面装甲部队进行超高速变后掠翼低空突防并实施投弹轰炸的过程模拟。

B-1“枪骑兵”超高速变后掠翼低空突防轰炸

下图显示的是综合训练环境系统内模拟美国海军对陆、空支援中起飞黑鹰直升机和各类型固定翼战斗机，进而发动对陆攻击的过程。

海军对陆、空支援战机实施起飞模拟

综合训练环境系统中包含了整个海、陆、空最先进的作战力量。下图显示的是美军最先进的 F-22“猛禽”隐形战斗机在现代战争中高效执行作战任务的相关模拟。

F-22“猛禽”隐形战斗机作战模拟

除了对美军作战进行仿真模拟以外，综合训练环境系统还能够较准确地模拟俄罗斯最先进的苏 -57 隐形战斗机的作战方式和作战过程。该系统中设计了 F-22“猛禽”隐形战斗机与苏 -57 隐形战斗机正面交锋的战斗过程模拟。下图显示的是模拟俄罗斯苏 -57 隐形战斗机，便于研究美、俄未来作战方式。

苏 57- 隐形战斗机作战模拟

除了高端的隐形战斗机以外，综合训练环境系统还能够较准确地模拟美国和俄罗斯最先进的非隐形战斗机 F-16 和苏 -35 正面对抗的细节。如下图所示，左图是俄罗斯苏 -35 战斗机，右图是美国 F-16 战斗机。

美、俄双方非隐身战斗机对抗模拟

除了对比美、俄双方战斗机的性能和作战方式以外，该系统还可以装配双方最先进的记载武器系统，在必要的时候进行高仿真射击模拟，进而实现极为贴近实战的虚拟现实训练过程。下图显示的是 F-16 战斗机在追击苏 -35 战斗机的过程中发射先进的空空导弹。

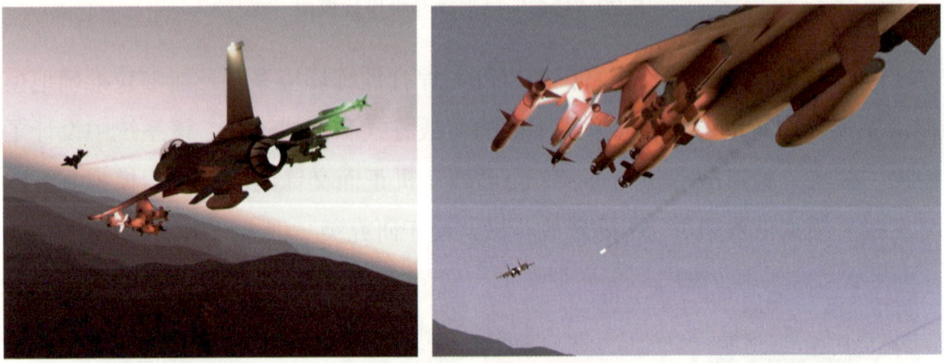

美、俄双方机载武器对抗模拟

此外，为了更加真实地模拟未来战争效果，综合训练环境系统还将 B-2“幽灵”隐形战略轰炸机等引入战场模拟系统，以近乎幽灵的方式实现对敌方高价值战略目标的致命打击。下图显示的是在综合训练环境系统中的 B-2“幽灵”隐形战略轰炸机作战模拟。

B-2“幽灵”隐形战略轰炸机作战模拟

此外，综合训练环境系统还能实现模拟俄军和美军的先进重型武装直升机，包括其作战方式及作战效能的综合模拟。该系统能够较准确地模拟双方重型武装直升机的独特战场定位功能，以及在专门应对对方装甲集群时的整体杀伤效能。

重型武装直升机作战模拟

综合训练环境系统是一套涵盖整个海、陆、空综合作战体系的战场模拟训练系统，因此各类型的装甲战车显然是不可或缺的。下图显示的是模拟装甲战车和防空火力系统。其中，以针对装甲集群作战的重型武装直升机就是防空战车的主要攻击对象。

装甲战车和防空火力作战模拟

除了常规作战模拟训练，综合训练环境系统还有野外作战特殊任务模拟。下图显示的是当装甲部队遇到河流阻挡时所进行的快速搭桥，以协助装甲部队通过的实战模拟过程。

快速搭桥协助装甲部队通过实战模拟

通过对综合训练环境系统相关内容介绍，我们从中可以了解到，虚拟现实已经在未来战争的模拟训练中担负起举足轻重的角色。虚拟现实技术以其高仿真的逼真性、身临其境的体验性及几乎无所不能的扩展性，使其在军事训练领域拥有广阔的应用空间。

3. 更多虚拟现实作战训练系统

虚拟现实在军事训练领域的应用，除了前面讲到的完全虚拟现实技术的方式以外，还有一系列与真实的大型装备结合的虚拟现实仿真模拟训练方式。下面我们将了解一些与悍马武装越野车、作战舰船等相关实景设备结合的虚拟现实训练平台。

（1）载具实景模拟训练

载具实景模拟训练系统是一个虚拟现实与真实的悍马武装越野车结合的训练平台。如下图所示，训练士兵乘坐真实的悍马武装越野车，周围是使用虚拟现实投影技术制作的战场环境。

训练士兵在真实的悍马武装越野车中接受训练

从上面可以看到，训练士兵置身于真实的悍马武装越野车中，密切观察仿真的战场环境，相互配合进行作战任务训练。下图显示的是训练士兵在悍马武装越野车中模拟真实的科索沃战场环境，进行相关任务的训练。

模拟真实的科索沃战场环境

（2）作战舰船模拟训练

作战舰船模拟训练系统是指虚拟现实与真实的舰船结合的训练平台。一个水面作战小组在一艘模拟舰船上，使用真实配备的武器装备进行任务接受、目标搜索、信息传送、目标执行等一系列训练。

水面作战小组在模拟舰船上进行虚拟训练

如下图所示，左图显示的是虚拟现实培训系统现场导师在帮助训练士兵如何更好地识别目标，并有效地进行追踪、锁定和攻击；右图显示的是训练士兵在使用真实的武器装备对目标发动模拟攻击。

水面作战小组接受虚拟训练指导

通过以上内容，我们可以了解到，虚拟现实与真实装备的结合能够有效地提升受训对象对于虚拟现实训练系统的代入感和真实性感受，进而加深训练过程中对实际装备的使用和控制能力，提升培训的实战效果。

二、英国 VR 军事应用

1.VR 在英国陆军招聘中的应用

2017 年，英国陆军在士兵招聘的过程中使用 VR 技术进行大众宣传体验，使英国陆军招聘的申请人数显著增加。该项目首先由美国军方与 Visualise 公司合作开发出 VR 体验内容，具体包括四种情景：一是在索尔兹伯里平原驾驶挑战者Ⅱ主战坦克参与演习，二是在英国皇家空军基地布雷兹诺顿跳伞，三是在威尔士的克利布科奇登山，四是在索尔兹伯里平原参与战斗训练。该体验在三星 Gear VR 头显设备中进行测试和使用，并在英国全国各地的重要活动中针对大众进行宣传展示和体验应用，最后发现招聘申请数量增加了 66%。

下图显示的是英国陆军在全国各地的各种活动中邀请大众进行 VR 体验。体验的内容放置于一辆越野战车上，体验者坐上越野战车、戴上 VR 设备就能够进入前面描述的四种情景。

体验情景之一：在索尔兹伯里平原驾驶挑战者Ⅱ主战坦克参与演习

体验情景之二：在英国皇家空军基地布雷兹诺顿跳伞

体验情景之三：在威尔士的克利布科奇登山

体验情景之四：在索尔兹伯里平原参与战斗训练

2. 英国陆军 VR 训练

2019 年 4 月，英国陆军发布了 VR 训练内容，从中可以了解到英国目前在使用 VR 技术进行军事训练的相关情况。该内容呈现的是英国陆军约克郡团和皇家坦克团使用 VR 技术进行士兵关于坦克作战方面的训练内容。该内容称 VR 技术可以帮助士兵在相对舒适的教室里进入全沉浸式的训练空间，进行坦克作战方面的技术学习，并从中获得实时反馈提升学习效率和效果。下图显示的是士兵在坦克训练教室中使用 VR 技术进行学习的整体情况。

坦克士兵使用 VR 技术进行培训

在培训过程中，系统管理员可以使用虚拟现实软件设置培训的真实地理信息，以及相关战斗单位的分布和火力配置等相关训练元素。

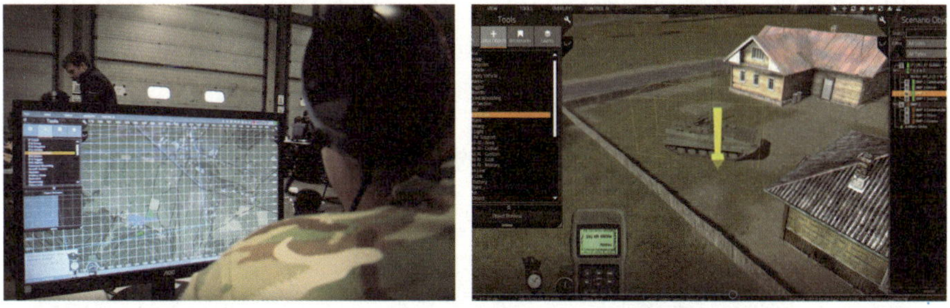

管理员在平台上设置培训基础信息

当士兵进入训练环境后，可以进行高仿真的坦克操作训练。下图显示的是一名坦克炮手在模拟真实的环境中练习装填炮弹。

坦克炮手在模拟真实的环境中练习装填炮弹

此外，在训练过程中，士兵可以在非常拟真的环境中开动坦克并相互配合展开战术训练，以及对敌方装甲战车进行火力压制和摧毁。

坦克战术训练

三、俄罗斯 VR 军事应用

2017 年 4 月，俄罗斯国防部测试了为武装部队设计的使用 VR 技术的新型作战模拟器。这些 VR 训练系统允许士兵和军官在不进入战场的情况下进行各种高度仿真的军事科目训练和军事演习。下面，我们了解一下该系统的相关内容及使用方式。从下图的画面，我们看到的是在一个模拟野战环境的训练空间中，参训士兵头戴 VR 设备、手持 AK 制式步枪全神贯注地参与作战训练。

参训士兵参与作战训练

下图显示了参训士兵在进行 VR 作战训练的过程中，武器装备的使用方式基本上与真实的武器装备一致，枪械的细节操作与实战环境也基本一致，而且参训士兵的整个投入状态和沉浸式体验效果非常明显。

武器装备具有高仿真性

除了常规的单兵武器训练，该虚拟现实系统中也包含仿真度极高的战车使用方法与战术机动的科目训练。下图显示的是参训士兵在进行基于 VR 技术的战车使用及相关技能的高仿真训练。

参训士兵进行高仿真战车技能训练

在关于战车驾驶及战术机动方面的 VR 训练过程中，训练的辅助设备及相关操作细节的仿真度非常高。如下图所示，参训士兵在与真实装备几乎完全一致的设备上进行培训和操作训练，配合虚拟现实对于战场环境的高真实度模拟，使参训士兵能够接受非常接近实战效果和经验积累的高效的作战技能培训。

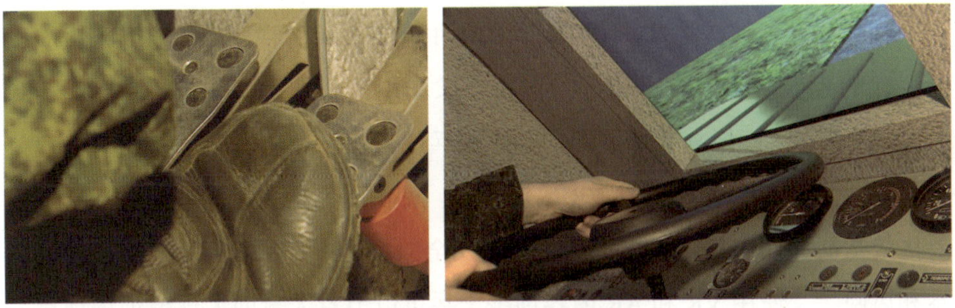
参训士兵在作战训练中使用的装备

在整个受训过程中，除了参训士兵可以在 VR 环境中进行高仿真度的常规训练，该系统还能够允许训练管理人员或远程指挥人员对整个作战训练过程的全程跟踪、监控及在线训练指导。这就使得该系统能够帮助参训士兵在训练过程中积累经验，在训练过程中找出问题，在训练过程中解决问题，从而真正地实现通过训练提升实战能力的目的。

管理人员跟踪、辅助受训士兵进行培训

从上述案例中，我们可以发现俄罗斯在使用 VR 技术进行军事训练方面虽然综合技术并没有美军的集成度那么高、高技术应用那么全，但是非常注重实战环境下的实战装备及相关管理方式的训练，总体来讲训练的实战性较强。

四、韩国 VR 军事应用

韩国军方专家认为，技术在现代战争中起着不可忽视的作用。为了适应不断变化的战场动态，韩国军方一直在寻求利用最新技术，如 VR 虚拟现实和 AR 增强现实，模拟真实环境中的训练士兵的方法。韩国军事学院已与当地公司合作，为其军校学员开发 VR 培训项目。韩国专家认为，虚拟现实的一个主要优势是能够让用户沉浸在一个虚拟而安全的世界中，从而降低战场训练的成本和风险。“使用 VR 和 AR 内容训练士兵可以节省大量的大规模训练预算，减少危险环境的风险，”首尔光云大学教授 Kim Tae-kyu 说，“如果与真实的战场经验相结合，将更加有益。”事实上，韩国军方早已展开虚拟现实在军事训练方面的应用。下面，我们来了解一些韩国媒体播报的在 2016—2019 年期间，韩国军方结合真实环境使用虚拟现实进行军事训练的相关情况。

下图显示的是 2016 年 7 月，韩国媒体报道韩国军方使用 VR 技术进行士兵作战训练的相关内容。从中可以看到，韩国在陆军士兵射击训练、航空兵跳伞等领域已经开始使用 VR 技术。

韩国军方使用 VR 技术进行士兵作战训练

2018 年 4 月，韩国国防部宣布综合使用虚拟现实、人工智能和大数据技术进行现代化的军事培训。其中，包括陆军、海军、空军各方面的仿真训练。

韩国媒体报道韩国国防部推动 VR 及相关技术在军事训练领域发展

韩国媒体报道韩国空军航空兵使用 VR 技术进行学员培训

韩国媒体报道韩国海军开始使用 VR 技术进行仿真训练

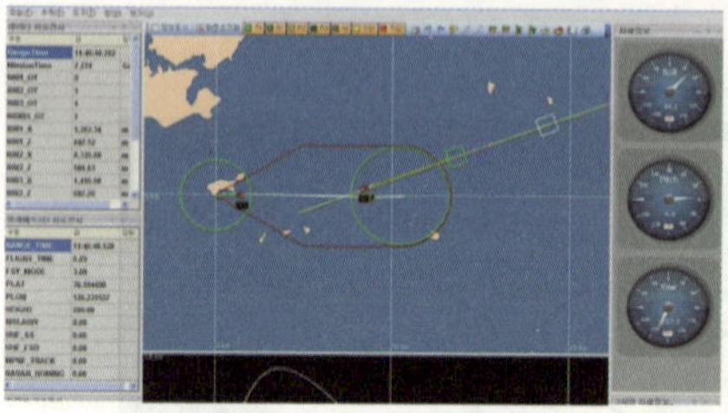

韩国军方使用 VR 技术进行仿真训练

2019 年 5 月，韩国军事学院正式采用虚拟现实技术进行军事训练。下图显示的是韩国军事学院的学员进行虚拟现实军事训练的情况。

韩国军事学院学员在进行 VR 军事训练

从上述案例中，我们可以看到韩国军方在 VR 军事训练方面已经达到一定的广度和深度。首先，在时间上韩国使用 VR 技术进行军事训练开始得比较早。2016 年是虚拟现实发展的元年，韩国军方在该年度中期就已经使用国际比较先进的 VR 设备进行军事仿真模拟训练。其次，在训练类别上韩国在 VR 军事训练方面的应用类别比较多，涉及领域比较宽，陆军、空军和海军都有相关应用。

第二节　VR 在医疗领域的应用

一、Acadicus VR 医疗培训平台

2018 年，美国 Acadicus 公司研发的 Acadicus VR 医疗培训平台上线。该平台是一个专门用于模拟各种医疗环境，并可以方便地进行医疗培训的一个开放式平台。目前，该平台中已经有一系列专业的医疗环境、医疗器械、医疗仿真培训等相关内容。据平台建设方 Acadicus 公司表示，该平台的内容在持续建设和完善中，随着时间的推移，相关内容会越来越多。下图显示的是 Acadicus VR 医疗培训平台中的部分培训内容。

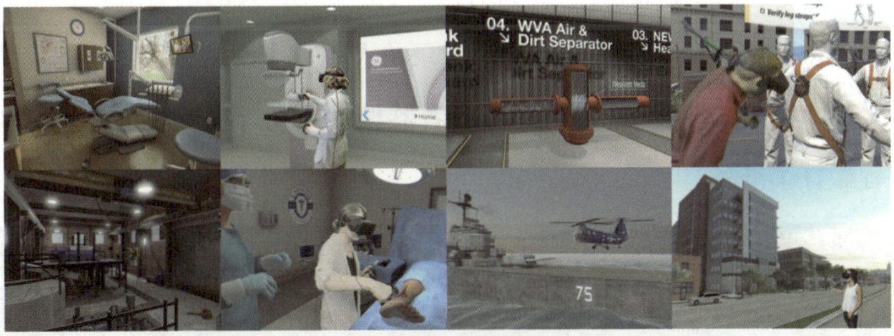

部分 VR 医疗培训内容

下图显示的是 Acadicus VR 医疗培训平台中的医疗环境资源库。该平台拥有较丰富的医疗设施环境素材，包括专业的医疗手术室、医疗手术设备、救护车、急救现场环境、优美的医院空间环境，以及在该平台上允许进行多人网络交流及社交活动的公共空间，等等。

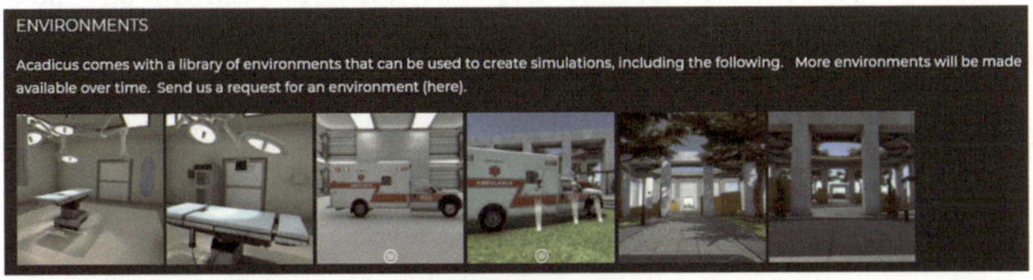

医疗环境资源库

下图显示的是 Acadicus VR 医疗培训平台中丰富的医疗设备和器械。该平台拥有数百种不同种类的医疗器械、医疗装备，用户可以在使用过程中根据需要随时下载并方便地增加到不同的医疗环境中。

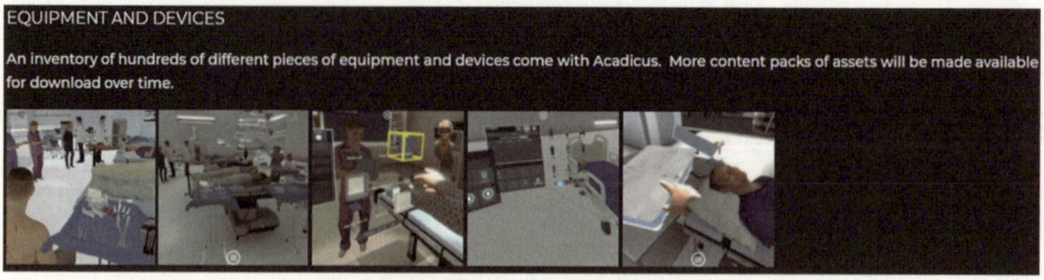

丰富的医疗设备和器械

下图显示的是 Acadicus VR 医疗培训平台中完善的虚拟 3D 环境录制功能。该功能可以有效地记录在医疗培训过程中教师或学员的任何交互细节，包括在多人交互过程中人的全部动作、与物件进行的交互、人的语音等。也就是说，Acadicus VR 医疗培训平台可以完整地记录单人用户或网络多人用户的完整交互过程，包括动作轨迹、语音及与环境或者器械的交互过程等。这为录制沉浸式 VR 课程做好了准备。

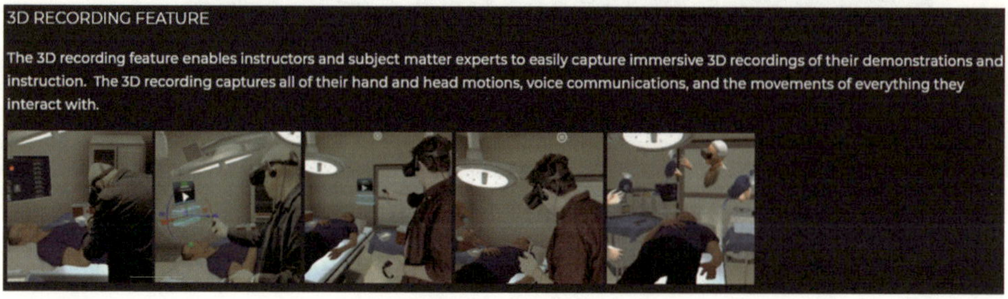

虚拟 3D 录制功能

Acadicus VR 医疗培训平台拥有完善的网络在线多人互动功能，能够高效地实现一位导师指导多名学员进行医疗教学，也能够实现远程医疗协作等前沿的技术功能。

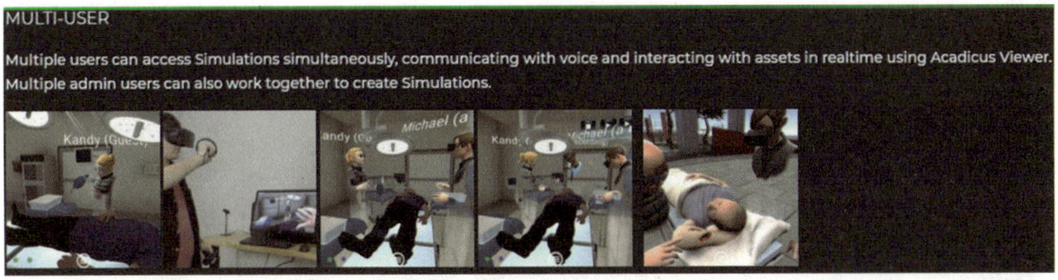

网络在线多人互动功能

Acadicus 在公司官方网站上是这样对该平台进行定位的：Acadicus VR 医疗培训平台能够高效地创建虚拟现实培训场景并捕获教学内容，而无须编写代码。Acadicus 公司与一些专业的医疗企业及研究机构进行合作，联合开发虚拟现实医疗相关内容，如通用电气医疗集团、威斯康星大学麦迪逊分校等。

Acadicus 公司合作的一些医疗机构

此外，Acadicus 公司与教育提供商 Adtalem Global Education 合作开发虚拟现实气道学习实验室（一个在临床教育中使用尖端虚拟现实技术的项目），在 2018 年举行的国际医疗模拟年会上赢得了最佳表演奖。

Acadicus 公司认为，VR 医疗培训是一种更快、更便宜的训练方法。随着越来越多的研究证明虚拟现实训练的有效性，越来越多的人有机会尝试它，对高质量虚拟现实训练和模拟内容的需求也在稳步增长。然而，由于开发虚拟现实培训内容的复杂性及所需的费用和时间，严重缺乏高质量的虚拟现实培训内容已成为一个瓶颈。培训和实践差异很大，并且随着时间的推移而变化，因而今天的大多数内容只提供了一种方法或技术。定制和保持这些应用程序的更新也是昂贵的、复杂的和耗时的。Acadicus VR 医疗培训平台能够简化访问和创建虚拟现实培训体验的过程，而且成本低、效果好。

逼真细腻的医疗环境

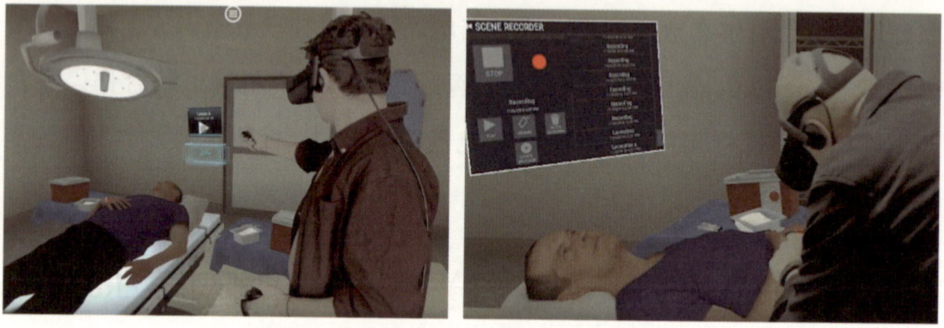

专业医疗人员在录制医疗培训课程

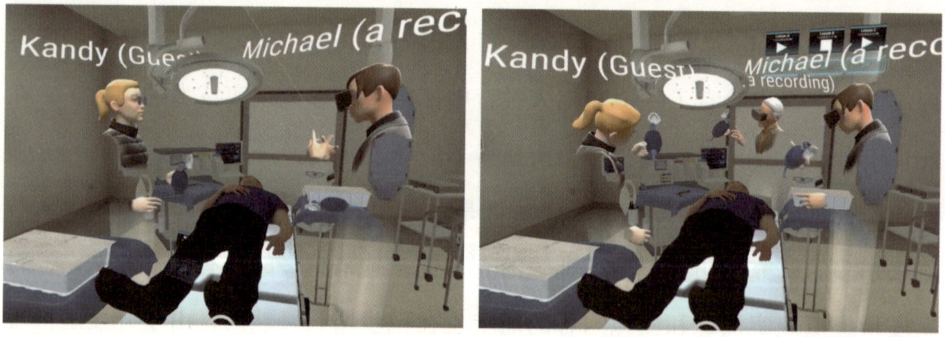

多人协作

二、Simx VR 医学仿真系统

2016 年，美国 Simx 公司推出了 Simx VR 医学仿真系统。该系统与前面的 Acadicus VR 医疗培训平台的区别在于后者更加侧重于基于虚拟现实技术的真实医疗案例的应用。该平台有一系列基于真实医疗案例的高仿真虚拟现实医疗内容，用户可以身临其境地感受到医生、患者及相关辅助人员的具体情况，包括医护人员与病人家属的交流过程，家属对病人相关信息的详细描述，病人对自己症状的描述，医护人员针对不同症状的应对措施、检测方法，与病人的沟通方式，等等。

Simx VR 医学仿真系统允许多人在线，支持 VR 终端和 PC 端跨平台联合。据 Simx 公司官方信息显示，该系统能够帮助高校和医疗机构高效地搭建医学仿真平台，其投入成本不到传统模拟平台的 1/30。

下图显示的是 Simx VR 医学仿真系统中的一个外出急救的案例。用户进入系统后，可以体验到医院从接到急救电话到出车，再到现场如何处理急救病人，以及护送病人到医院等一系列细节措施。

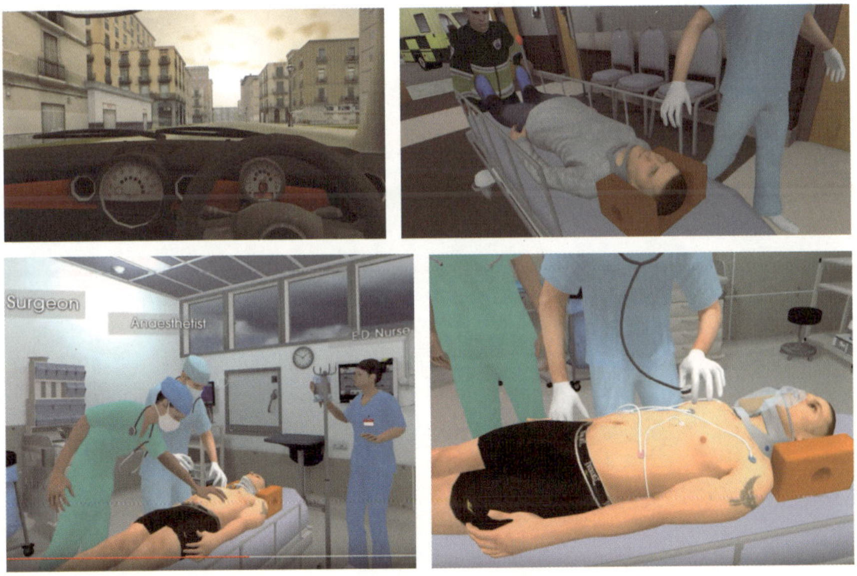

外出急救并护送回医院

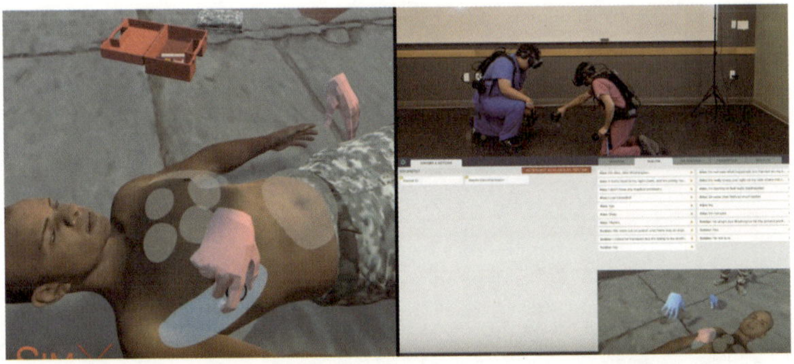

Simx VR 医学仿真系统中一个救护受伤士兵完整过程的案例

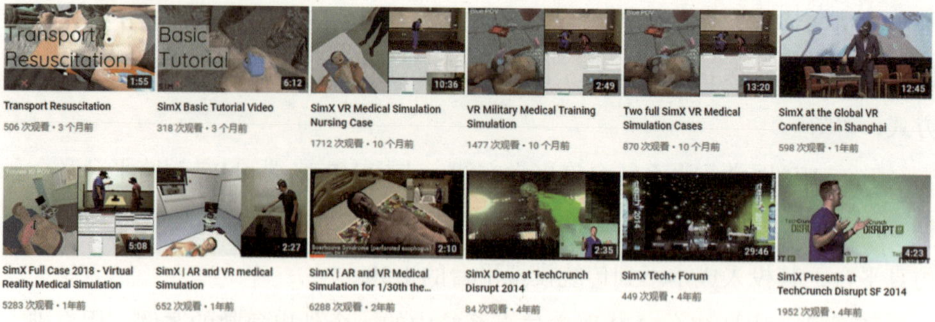

Simx VR 医学仿真系统中更多的虚拟现实医疗案例

第五章　虚拟现实在文化、旅游及运动领域的应用及案例分析

本章主要讲述 VR 在文化、旅游及运动领域的应用案例，包括三部分内容：第一部分是 VR 在文化领域的应用，重点介绍和分析了中国敦煌飞天 VR 体验，德国科隆大教堂 VR 体验及 Hohenrechberg 城堡 VR 体验；第二部分是 VR 在旅游领域的应用，重点介绍和分析了加拿大冰川 VR 体验、美国死亡谷 VR 体验及环游世界的 Google Earth VR 体验；第三部分是 VR 在运动领域的应用，重点介绍和分析了 VR 乒乓球运动、VR 羽毛球运动及更多的 VR 运动。

第一节　VR 在文化领域的应用

一、中国敦煌飞天 VR 体验

《敦煌飞天 VR》是由北京电影学院沉浸式交互动漫文化部重点实验室于 2016 年研发的作品。该作品是我国首部经典壁画题材的可穿行、可体感交互的沉浸式 VR 作品，是一个临场感强、仿真度高、视觉特效和现场体验效果突出的经典文化遗产类 VR 代表作品。作品兼具身临其境的逼真体验和神奇瑰丽的艺术创新两大特点。

我们知道，虚拟现实作品有两大突出特点：第一是逼真性，第二是创意性。逼真性是指使用虚拟现实技术可以极度逼真地模拟真实世界。逼真性的主要功能是让那些远在天边、遥不可及的对象瞬间变得近在眼前，如同身临其境一般。创意性是指使用虚拟现实技术可以创造和表达人们梦想的主观世界。主观梦想

原本只存在于人的思维或者梦想中，使用虚拟现实技术可以将这些虚幻的梦想世界创造出来，并且能够进入其中天马行空地遨游。事实上，《敦煌飞天 VR》已经尝试性地将虚拟现实的逼真性和创意性在敦煌壁画这一题材中一览无余地呈现了出来。下面，我们来简要了解一下《敦煌飞天 VR》的相关内容。

1. 逼真地表现敦煌洞窟和壁画

借助先进的虚拟现实技术，研发团队制作出表现敦煌莫高窟的《敦煌飞天 VR》。下面是部分体验内容截图，从中我们可以看到逼真的敦煌洞窟及精美细腻的壁画、雕塑。

敦煌洞窟、壁画和雕塑

当我们戴上 VR 设备开启该作品时，可以体验到几乎与真实世界相同的敦煌莫高窟，并且可以持手电筒去探索洞窟内的那些壁画、雕塑。无论是逼真的洞窟空间，还是精细的壁画、雕塑，抑或是自然光影和手电筒的光照，都让人以为穿越到了千里之外的莫高窟。体验者可以在洞窟中行走，可以蹲在地上看到洞窟中长久积累的灰尘，也可以拿着手电筒走近墙壁欣赏壁画细节，或者走到佛龛前感受历经千年的雕塑。

2. 创造全新的敦煌壁画经变世界

在《敦煌飞天 VR》中，我们不但可以身临其境地感受敦煌莫高窟，还可以体验一场前所未有的神奇经历——在飞天的引导下飞升进入壁画《摩尼宝珠》的经变世界。

飞升进入壁画《摩尼宝珠》的经变世界

当我们沉浸于精美的壁画艺术作品时，会发现壁画上的飞天角色发出晶莹的光亮。手电筒照射过去，反弹琵琶的飞天居然从壁画中飘落下来并活了过来。当我们伸手与她交互，她会反弹琵琶奏出悦耳的音符。壁画中的黑白飞天听到音乐也随之苏醒过来，然后在空中飞舞，散播着鲜艳的花瓣。我们再次与反弹琵琶的飞天交互，她会弹奏出新的曲子，同时激活壁画的生命。这时，隋唐壁画艺术家精心勾勒的壁画的轮廓开始闪耀着金光，整个洞窟流光溢彩，美轮美奂。我们继续与飞天交互，她会激活沉睡千年的摩尼宝珠，我们将站在一朵巨大的莲花上，随着舒适的乐曲在飞天的伴随下飞入摩尼宝珠的神奇经变世界，并开启通往上界的大门……

二、德国科隆大教堂 VR 体验

Realities VR 是由 Realities.io 公司于 2016 年开始制作发行的文化遗产类 VR 作品。该系列作品是使用前沿的照片建模、激光测量等技术结合虚拟现实引擎开发的基于真实文化遗产建筑的 VR 体验内容。开发者的目标是让人们能够探索之前无法到达的地方，能够前往那些迷人的真实世界，发现那里的故事。该系列作品从 2016 年 4 月开始在 Steam VR 上线后持续更新，目前已经有三次新内容的更新。下面，我们将选择其中一个最具代表性的内容——德国科隆大教堂 VR 体验去感受 Realities VR 中经典历史文化建筑在虚拟现实世界呈现出来的风采。

当我们戴上 VR 设备，开启 Realities VR 后就会发现自己置身太空之中，面前是一个地球，如下图所示。我们可以使用手柄转动地球，当我们在地球上的欧洲德国的位置找到“Cologne Cathedral”的蓝色小圆柱标识后就可以激活它，进入我们的目的地——科隆大教堂。

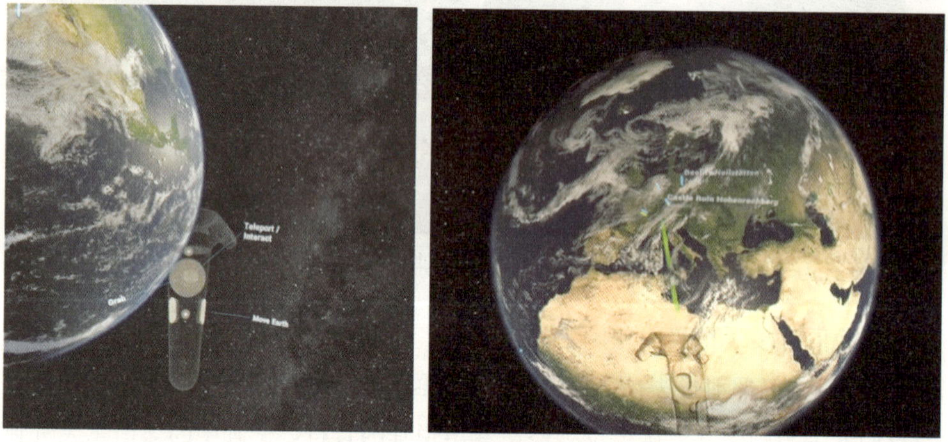

进入科隆大教堂

德国科隆大教堂是世界上最著名的教堂之一，雄伟的建筑结构、华丽的雕塑作品和精美的壁画让无数人为之惊叹。在真实世界中，出于各方面的原因，很多人难以到达德国去现场欣赏壮美的科隆大教堂。但是，虚拟现实科技让这种原本遥不可及的梦想变成现实。如下图所示，左图显示的就是在 VR 中看到的科隆大教堂的大门。我们可以在大教堂门口漫步并抬头仰望，悠闲地欣赏建筑上的雕刻细节。由于使用先进的图像建模和激光测量技术，我们在 VR 中所看到的与真实世界几乎完全一样，其结构精度误差在 0.1 毫米以内。右图显示的是由详细电脑数据建立的教堂结构。

科隆大教堂大门和详细电脑数据建立的教堂结构

我们通过与 VR 设定的位置交互控制，可以进入科隆大教堂内部，呈现在我们眼前的是雄伟壮观的教堂大厅，如下图所示。我们可以在教堂大厅安静地自由参观，也可以激活旁边的一些解说内容，倾听导游为我们详细讲解与教堂相关的历史和故事。

科隆大教堂大厅

我们还可以来到教堂上层的露天储物区，这里有一些正在维修的雕塑作品，我们可以近距离欣赏这些艺术品。

储物区的雕塑作品

如下图所示，左图显示的是我们在教堂大厅中所见的壁画和窗画，右图显示的是在大教堂顶层看到的教堂尖塔。

壁画、窗画和教堂尖塔

三、德国 Hohenrechberg 城堡 VR 体验

Realities VR 应用中的 Hohenrechberg 城堡是一座有着超过 800 年历史的古老城堡的废墟。这座城堡始建于 13 世纪初，位于德国西南部的一座名为皇帝山（Kaiserberge）的山地之上。这座城堡也曾发生很多故事，如在 1554 年，两位当地的公爵争夺城堡的控制权。其中一位试图偷走对方的妻子，并发生了激战，当时这里很多建筑都遭到了破坏。不久之后，城堡的主人进行了翻新。后来，这座城堡在经历了 30 多年的战争，于 1648 年被法国掌控。经过战争后，虽然有受损，但大部分仍然完好。1865 年，一场暴风雨中灾难性的闪电导致城堡大部分被烧毁。直到近年对主要建筑物进行了一些修复工作，但大多还是处于历史状态。下图显示的是目前 Hohenrechberg 城堡全貌。

Hohenrechberg 城堡全貌

当我们戴上 VR 设备启动 Realities VR 后，可以在这座历史悠久的城堡中自由地漫步，欣赏古老城堡的历史风貌；也可以站在城堡的高处眺望一望无

际的远方；还可以在Hohenrechberg城堡的小道中行走，自由自在地探索这座城堡。

Hohenrechberg 城堡历史风貌

在 Hohenrechberg 城堡中行走

下图显示的是我们来到Hohenrechberg城堡的高处所看到的建筑遗迹和极目远眺收获的周边田园风光。

站在 Hohenrechberg 城堡高处极目远眺

第二节　VR 在旅游领域的应用

一、加拿大冰川 VR 体验

Realities.io 公司研发的 Realities VR 不但有文化体验内容，也有一系列丰富的旅游 VR 体验内容。接下来，我们了解一下独特的旅游环境在 VR 中的呈现情况。

当我们在 Realities VR 中激活 Bridge Glacier，就可以进入加拿大的冰川世界，去感受万年冰川的奇特风貌。我们可以感觉到自己置身于白雪皑皑、绵延起伏的茫茫雪山，脚下是终年不化的积雪。我们可以在这里静静地发呆，或者在雪地里徘徊，也可以漫步到山峰之巅。总而言之，以任何一种喜欢的方式在这人迹罕至的雪山之巅观光旅游。我们可以在如此寒冷的雪山上欣赏壮阔的美景，但却如此温暖和安全，甚至喝一杯热腾腾的咖啡，而在真实的冰川现场几乎是不可能的。

置身于茫茫雪山

我们激活远处的景点，即加拿大著名的冰川 Bridge Glacier，如下图所示。

冰川风貌

当我们在观光游玩中感到疲惫时，可以来到景区营地，即登山旅友休息的地方。这是一个看起来像人工堆砌的避风空间，人们在这里搭建了便携式帐篷，还有一些登山装备。我们可以在周围走走，欣赏高原湖泊或远眺冰川雪山。

景区营地和周边环境

二、美国死亡谷 VR 体验

当我们在 Realities VR 中美国加利福尼亚州的区域找到 Death Valley，激活后就可以进入死亡谷。首先，我们看到的是一块中间照亮、周围漆黑的环境。

地面上有一盒20世纪90年代的录音磁带，我们走过去将它拾取拿在手中。不远处，还能找到一台能够播放磁带的录音机。我们将磁带插入录音机，就可以播放磁带中的内容，听到关于这里的故事。

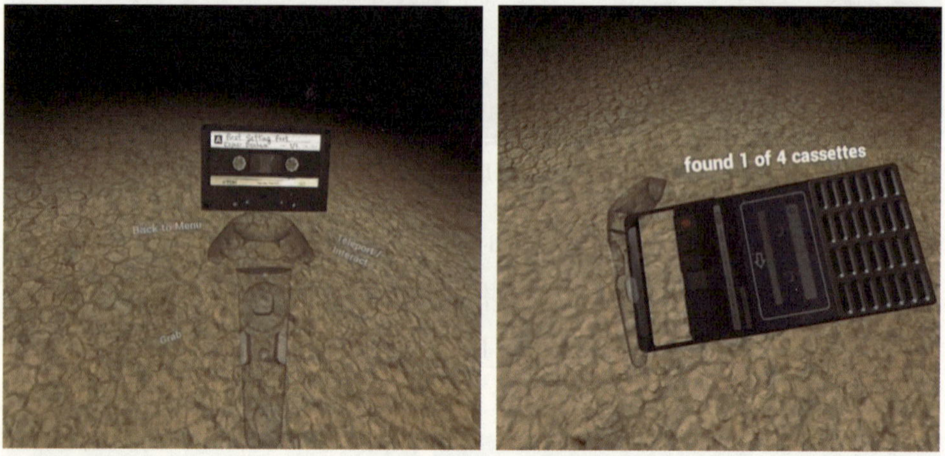

拾取录音磁带并播放

我们在聆听录音讲解的过程中，亮光开始向周围扩展，直到我们能够看到一望无际的戈壁和绵延起伏的群山。我们置身于如此广袤的天地，没有一株植物，哪怕是一棵小草，没有一个动物，哪怕是一只虫子。周围只有死一般的寂静，或许这就是死亡谷的来源——任何生物都无法生存的地方。置身于这种广阔又死寂的无人区，一种难以言表的孤独感、无助感油然而生，感觉自己变得无比渺小和脆弱，唯一能够安慰自己的是那台录音机发出的苍白而无力的声音。

死亡谷中一望无际的戈壁和绵延起伏的群山

我们向四周眺望，除了戈壁和远山，还能看到一辆轿车。这是一辆经典的黑色豪华轿车，我们围绕轿车走到后方，能够看到后备厢上放着一张淡黄色的地图。

黑色轿车和后备厢上的地图

我们拾取地图，拿到眼前，就能够看到详细的死亡谷及周边地图。地图上有多个标记点，我们激活了其中一个沙漠的标记点后进入逼真的沙漠的环境。

死亡谷中的沙漠

通过激活地图上的标记点，我们还能走到附近其他地方，更全面地了解这片荒芜的土地。下图显示的是横穿戈壁的公路和路边已经坍塌的早期建筑。我们可以据此推测，很多年以前这里也是车水马龙、车来车往，但现在已经完全荒废了，杳无人烟。

横穿戈壁的公路和路边坍塌的建筑

我们来到戈壁旁边的丘陵和群山之上，看到这里的地表没有一点植被，没有一丝生气，地面的岩石和泥土一览无余地裸露在外面。

死亡谷中没有任何生命迹象

三、环游世界 Google Earth VR 体验

Google Earth VR 是一款可以带我们环游世界的重量级 VR 应用。2016 年

11 月，Google Earth VR 正式登录 Steam VR 平台，它支持用户戴上 VR 设备调用卫星扫描和建模数据，身临其境地俯瞰世界上任何一座城市及景点。也就是说，Google Earth VR 能够让我们足不出户就实现环游世界的梦想。利用 Google Earth VR 搜索功能，可以输入任何想去的地方，以“上帝视角”去发现和了解它，还可以欣赏大量高精度扫描建模的全球著名景点。当我们来到巴黎、罗马、纽约或者伦敦的上空，都可以如同超人一样在城市上空自由地翱翔，也可以停下来静静地欣赏那些代表着历史与文化的标志性建筑。2019 年 4 月 15 日，巴黎圣母院发生火灾。

Google Earth VR 应用

这次火灾对于巴黎圣母院造成的损坏很难在短时间内恢复。但是，虚拟现实技术可以帮助我们看到那个风采依旧的巴黎圣母院。下面我们来看看如何在 Google Earth VR 中实现我们的愿望。

首先，我们需要戴上 VR 设备，然后启动 Google Earth VR，这时我们能够看到如下图所示的内容。我们置身于太空中，一个巨大的地球出现在眼前。

Google Earth VR 主界面

然后，我们可以使用手柄转动地球，找到欧洲—法国—巴黎，或者在搜索中直接输入巴黎，就如同乘坐太空飞船一样从太空飞向地球，俯冲进入地球大气层，来到巴黎的上空，如下面左图所示。我们以同样的方式搜索巴黎圣母院（Notre-Dame Cathedral），就如同乘坐一架直升机从空中飞向塞纳河边的巴黎圣母院，来到其上空，如下面右图所示。

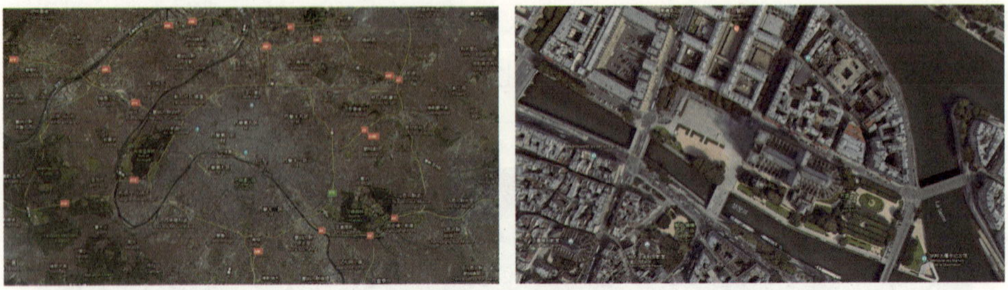

巴黎及巴黎圣母院上空

接下来，我们通过手柄操作调整视角，就如同一架可以随时悬停和飞行的无人机在巴黎圣母院的上空飞行。我们可以看到非常完整和清晰的巴黎圣母院及周边的城市景象。

俯瞰巴黎圣母院

下图显示的是我们围绕巴黎圣母院飞行，从不同角度欣赏巴黎圣母院。由于使用先进的卫星照片建模技术，我们所看到的建筑的准确度能够达到厘米级别，也就是说是我们在 Google Earth VR 中所看到的巴黎圣母院和真实世界中的几乎是一样的。

不同角度的巴黎圣母院

既然已经来到了巴黎，除了巴黎圣母院，我们也可以到巴黎其他景点畅游一番，如著名的卢浮宫、凡尔赛宫等。我们只需要搜索卢浮宫，就可以快速找到并飞行到卢浮宫的上空。下图显示的是卢浮宫建筑整体，还可以看到广场中心的那座由建筑师贝聿铭设计的玻璃金字塔。

Google Earth VR 中的卢浮宫

使用同样的方法，我们可以瞬间来到凡尔赛宫。下图显示的是我们在 Google Earth VR 中看到的凡尔赛宫的整体建筑群和经典西方园林。

Google Earth VR 中的凡尔赛宫

下面是在 Google Earth VR 中可以体验到的更多的世界著名城市及景点，包括美国纽约、意大利佛罗伦萨和罗马、中国香港、巴西里约热内卢等。

Google Earth VR 中的世界著名景点（a）

Google Earth VR 中的世界著名景点（b）

第三节　VR 在运动领域的应用

一、VR 乒乓球运动

《球拍狂怒：乒乓球 VR》（*Racket Fury*：*Table Tennis VR*）由 Pixel Edge

Games 公司于 2017 年 11 月研发完成并上线。在《球拍狂怒：乒乓球 VR》中，我们可以选择单人模式去挑战各类机器人扮演的乒乓球对手，用实力登上这个乒乓球运动的顶峰。我们还可以在练习中提升自己技能到一定水平后，加入一个全球乒乓球比赛，与全世界的玩家一较高下。他们也都与我们一样，希望通过自己的努力摘得胜利的桂冠。

球拍狂怒：乒乓球 VR 主界面

《球拍狂怒：乒乓球 VR》的整体世界观设定在银河系中，无论是玩家还是对手的外形看起来都是机器人。虽然许多东西都是虚构的，但我们手握球拍打乒乓球的感觉却非常拟真，球的运动及与球拍和桌面的碰撞也完全符合物理原理，乒乓球的弹跳球感和打击感都非常真实。下图显示的是《球拍狂怒：乒乓球 VR》的角色设定和解锁成绩的奖杯，从中可以看到角色外形是机器人。我们可以在解锁高级角色后修改机器人的外形，如果有更多的胜利成就，也能够解锁更多的奖杯。

角色设定和奖杯

下面左图显示的是我们在乒乓球比赛过程中发球的方式，与真实世界的发球方式基本一样，只是乒乓球放到了手柄上。右图显示的是对手接球后乒乓球的运动轨迹，我们也需要判断球的位置并把球打回去。

发球和接球

下面显示的是在乒乓球比赛过程中可能出现的特殊技能效果。左图显示的是遇到特别好的抽球机会进行特技表现的效果，球会带着发光粒子快速飞过去。右图显示的是进行左旋或者右旋的球的特殊效果。

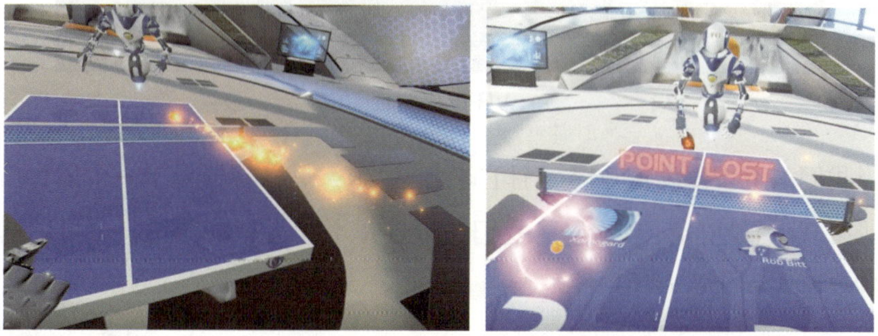

特殊技能效果

《球拍狂怒：乒乓球 VR》可分为单人模式和多人模式。单人模式是我们与电脑 AI 进行比赛，AI 队员的乒乓球技能水平受制于 AI 编写的水平，因此单人模式的乒乓球对手技能比较有限。但是，如果我们进入多人网络模式，一旦对方是高手，我们可能就有较大的压力了。

二、VR 羽毛球运动

《羽毛球之王 VR》（*Badminton Kings VR*）是由韩国游戏开发商 Appnori

公司于2018年3月研发完成并上线的羽毛球运动类VR应用。

羽毛球之王VR主界面

除了《羽毛球之王VR》以外，Appnori公司还研发了一系列VR运动类体验内容，包括《乒乓球之王VR》《网球之王VR》《壁球之王VR》。下图显示的是这些体育类产品在Steam VR平台上的售价。

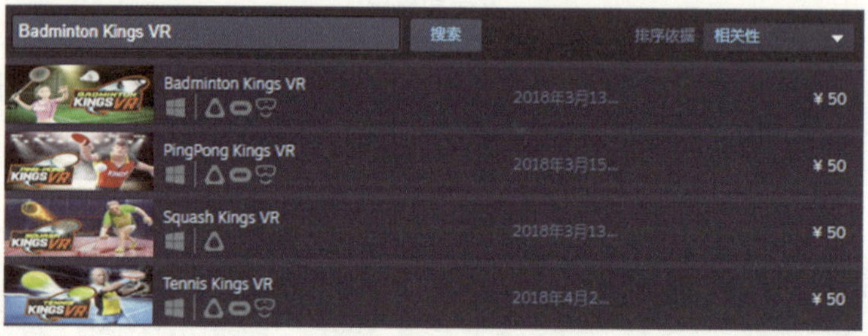

VR应用售价

当我们戴上VR设备开启《羽毛球之王VR》后，将置身于一个体育馆的休息室兼游戏设置空间。在这里，我们可以选择不同类型的球拍，也可以选择不同的游戏模式和比赛对手。

比赛开始前选择球拍类型、游戏模式和比赛对手

选择完成后，我们可以正式开始羽毛球比赛。我们将置身于一个专业羽毛球场，周围看台上挤满了热情的观众，旁边坐着严阵以待的裁判员。

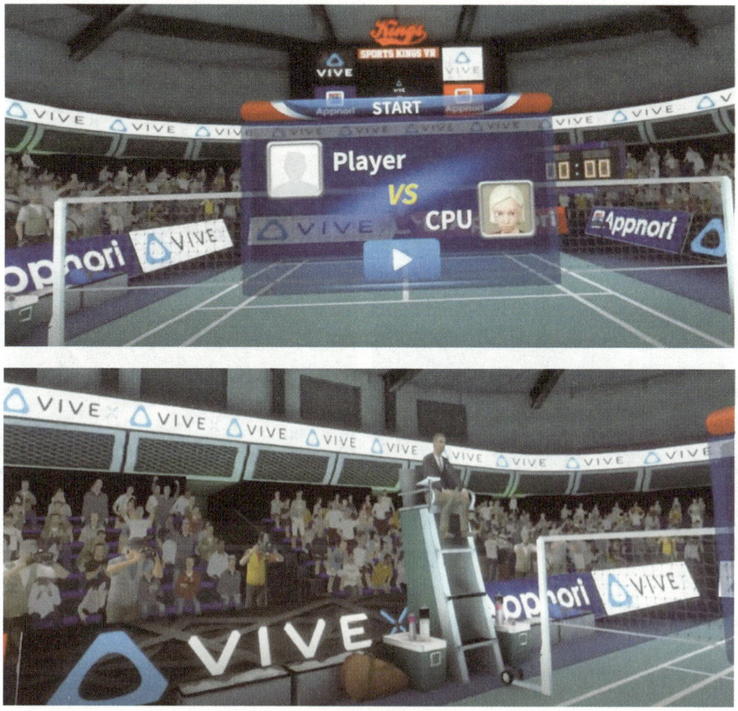

VR 羽毛球场

我们的对手是一位穿着红色上衣的女选手。我们可以像真实世界的羽毛球比赛一样发球，对方打过来的球也会跟真实世界一样需要我们挥动球拍打回去。

比赛中发球和接球

当遇到特别适合给对方致命一击的扣球机会时，我们会高度紧张，整个赛场的气氛也接近凝固。我们专注地看着球沿着轨迹快要飞到适合致命一击的位置时，纵身跃起，用力下扣球拍，羽毛球快速飞回去。对手往往会在这种强力且高速的攻击下，失去对球的方位的判断或者即使能判断也无法快速接球。

比赛中扣球的过程

比赛双方的分数显示在球场的地面上，便于我们方便地了解双方比分。当比赛结束后，球场中间的巨大屏幕显示双方的战绩。下图显示的是在这场比赛中，我们获得了 6 分，而 CPU 即 AI 球员获得了 3 分，我们胜出。

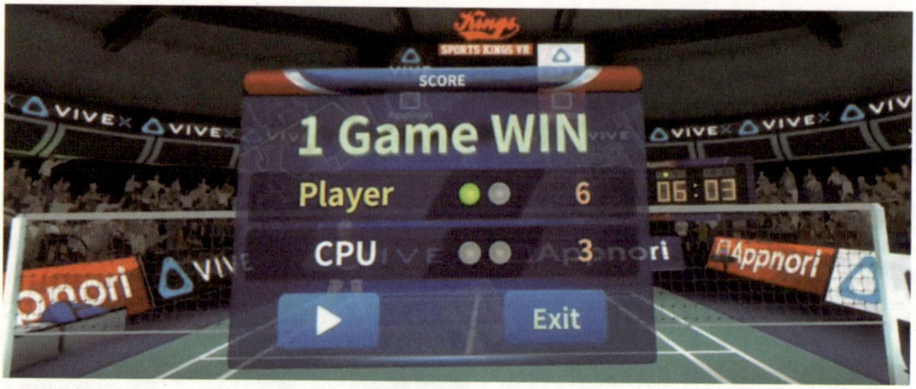

比赛结果

三、更多的 VR 运动

《VR 体育挑战》（*VR Sports Challenge*）是由美国 Sanzaru Games 公司于

2016 年研发的运动类 VR 游戏。该作品是一款集篮球、橄榄球、棒球、冰球于一体的 VR 运动集合体。我们可以从中选择篮球、橄榄球、棒球、冰球进行体验，并感受震撼的竞赛效果和热烈的现场气氛。

VR 体育挑战主界面

1.VR 篮球

如果我们选择进入《VR 体育挑战》中的篮球赛场，马上置身于一个专业篮球场，看台上坐满了热情欢呼的观众，面前是凶悍的对手，仿佛随时都会对我们发难。

VR 篮球赛场

如果有人投篮未中，我们可以像在真实世界的篮球场上一样，纵身一跃伸手把球接在手里。

接住篮球

如果我们需要将手中的球传给队友，可以确定传球对象后，将球扔过去，对方会伸手把篮球接住。以同样的方式，队友也可以向我们传球，这样就可以非常方便地完成接球和传球的过程。

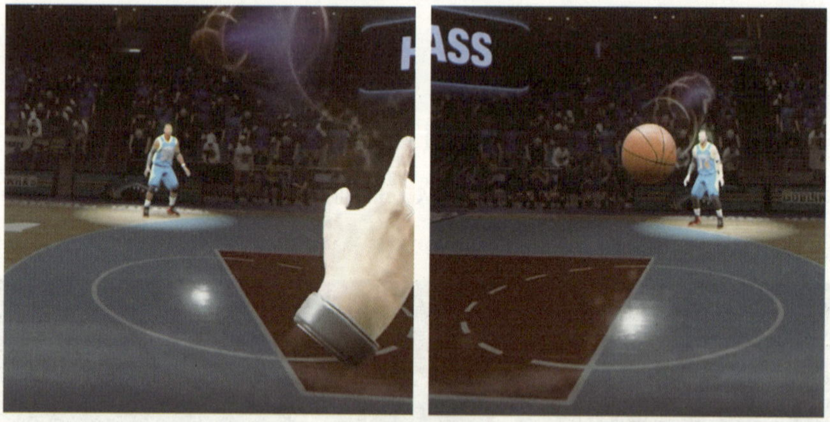

传球和接球

下图显示的是在比赛过程中，当身边有对方防守队员时，队友向我们传球，我们可以绕开对方防守队员的阻挡，把球接住。

队友向我们传球

然后我们可以使用各种转身运球和跳跃的方式，躲避开对方防守人员的影响，纵身跳起远距离投篮。

投篮过程

2.VR 橄榄球

VR 橄榄球的比赛现场看起来热火朝天，双方全力以赴投入比赛的队员和周围看台上坐满的观众及此起彼伏的呼声，让我们真切地感受到已经来到了场面火爆的橄榄球比赛。

VR 橄榄球赛场

在 VR 橄榄球的比赛过程中，我们可以扮演球员参与比赛，可以跑动接球和向队友传球。下图显示的是我们在找准队友的位置进而传球。

向队友传球

下图显示的是队友向我们传球，我们需要反应敏捷地把球接住，然后再快速跑动。从这些比赛片段中，我们可以看到 VR 橄榄球比赛现场的气氛非常热烈，队员之间的相互协作也非常密切，整体沉浸感和参与度非常高。

队友向我们传球

3.VR 棒球

我们启动 VR 棒球就可以参与一场棒球比赛。下图显示的是球员向我们投掷棒球后，我们可以根据棒球的运动轨迹判断击球位置，然后给出奋力一击。

掷棒和击球

下图显示的是我们在成功地击出好球后的特效效果。

击出好球后的特效效果

4.VR 冰球

VR 冰球拟真度很高，我们不仅可以置身冰球球场参与一场紧张的冰球比赛，还可能不小心陷入一场因队员争吵而引发的拳脚相加的惊险恶斗。下图显示的是 VR 冰球场，从中可以看到整个赛场环境、比赛队员的专注情况及观众席的热烈气氛，使得整个冰球比赛的现场感非常强烈。我们进入 VR，便立即进入比赛的状态。

VR 冰球场

有趣的是，在 VR 冰球比赛中，由于比赛双方偶尔发生的争执，冰球比赛容易变为拳击比赛。

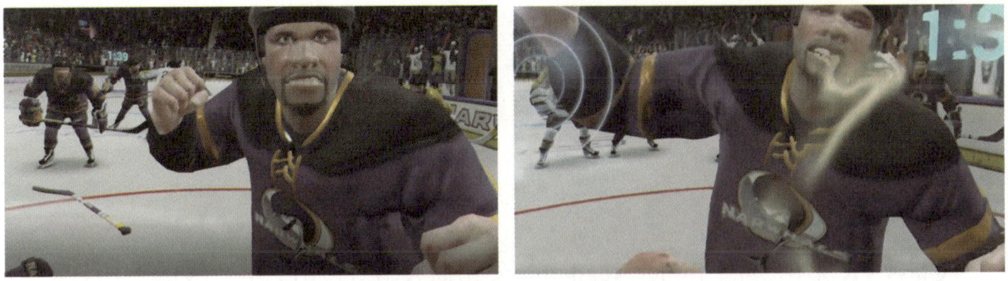

冰球比赛变为拳击比赛

第六章 虚拟现实在教育、培训及电商领域的应用及案例分析

本章主要讲述 VR 在教育、培训及电商领域的应用案例，包括三部分内容：第一部分是 VR 在教育领域的应用，重点介绍和分析了 VR 课堂增强学习、针对中小学基础知识的 VR 课程。第二部分是 VR 在培训领域的应用，重点介绍和分析了应急培训、员工业务培训、设备维修与复杂环境管理维护培训。第三部分是 VR 在电商领域的应用，重点介绍和分析了阿里巴巴 Buy+VR 购物、ShelfZone VR 购物、亚马逊 VR 商城购物。

第一节 VR 在教育领域的应用

一、VR 课堂增强学习

1.Class VR

Class VR 是由英国 Tablet Academy 公司研发并于 2017 年上线的专门针对中小学课堂的 VR 教育课程系统。

Tablet Academy 官方网站针对 Class VR 内容进行了如下介绍：虚拟现实在教育中可以帮助学生更深入地了解周围的世界并激发他们的想象力。我们的虚拟现实课程可以让学生在不用离开教室的情况下，实现在不同星球之间穿梭的体验。学生将感受到来自世界各地的令人叹为观止的奇异场景的身临其境的体验和前所未有的启发。通过感受将气球放飞进入平流层、体验前所未有的月

球景观、探索人体等一系列感受，来获得对物理知识的理解。下图显示的是 Tablet Academy 的专家在课堂上向学生们讲述使用 Class VR 课程内容的方法及课堂上学生们使用 Class VR 课程的情景。

专家讲述使用 Class VR 的方法

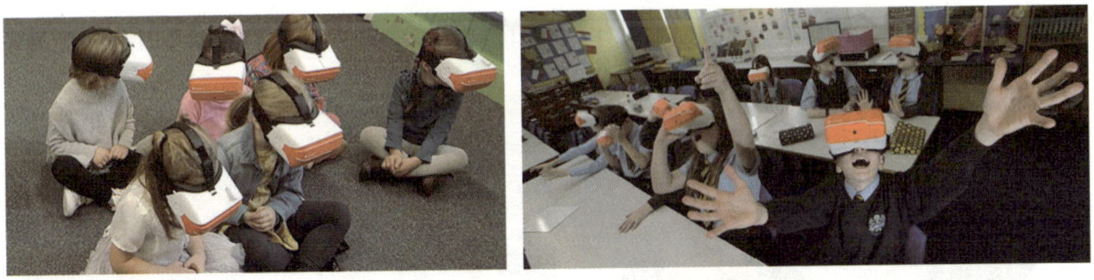

学生们在课堂上使用 Class VR 的情景

下图显示的是 Tablet Academy 公司官网上关于 Class VR 的更多信息。

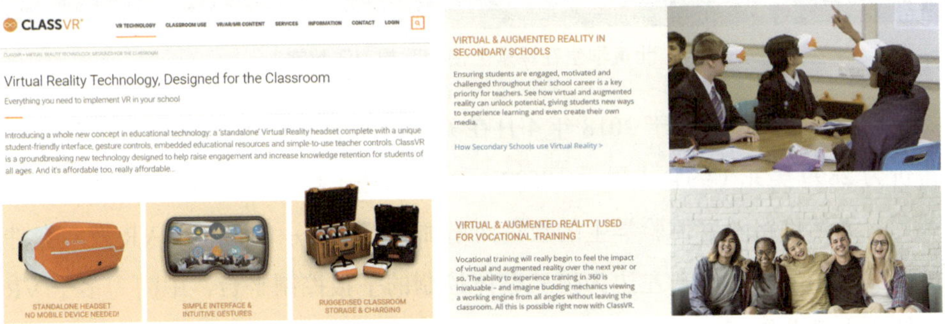

关于 Class VR 的更多信息

2. 联想 VR 教室

2018 年 1 月，联想开发完成并发布了 VR 教育套件联想 VR 教室（Lenovo VR Classroom）。该课程的目的是将 VR 带入课堂，并将其作为提升学生学习体验的工具。其核心部分包括联想 2017 年底推出的 Mirage Solo 头显（这也是谷歌 Daydream 平台上第一款独立 VR 头显），还包括大量教育内容。该 VR 课堂套装主要面向 13 岁以上的学生，教育内容包括来自谷歌远征（Google Expeditions）的 700 多个 VR 实地场景，3 个独家的 Jane Goodall 狂野沉浸（Wild Immersion）的 VR 全景视频。谷歌远征最初是作为一款教育工具而设计的，它帮助学生在课堂上就能够访问世界各地的名胜古迹。此外，这些体验内容中的 VR 实地场景和视频功能为教师提供了“停止点”，使他们更容易从课程计划中获得丰富的信息或向学生们实时提出一些现场环境体验中遇到的问题。在联想 VR 教室中，教师们还能访问网络在线资源库，帮助他们充分利用 VR 套件以获得更多的 VR 资源。下图显示的是北美学生在课堂上使用联想 VR 教室。

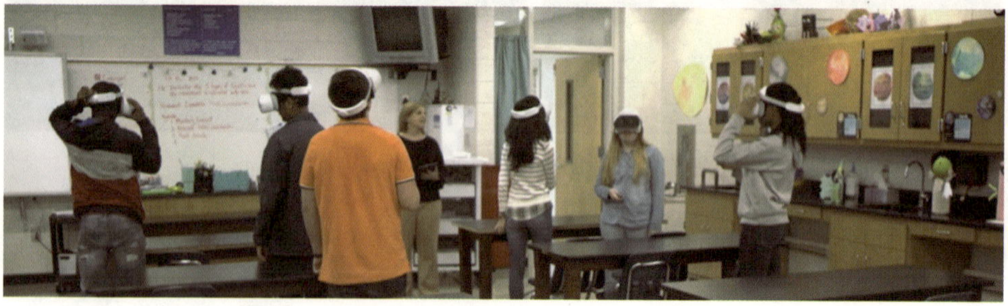

北美学生在课堂上使用联想 VR 教室

联想 VR 教室套件于 2018 年 4 月在美国与加拿大上市，3 人学生套件的起售价为 2899 美元（约合人民币 18522 元）。此外还有 10 人学生和 24 人学生的选项，当然价格随着体验学生的数量而增加。下图显示的是联想 VR 教室套件的工具包内容。其中，左边为体验整体控制的平板控制平台，中间为多个 VR 一体式头戴设备，右边为 VR 无线路由器。

联想 VR 教室套件的工具包

3.Victory VR 科学课程

Victory VR 科学课程是由 Victory VR 公司于 2017 年研发上线的一套系统化科学课程。从 Victory VR 官网上可以了解到关于 Victory VR 科学课程的内容介绍：一个与下一代科学标准（NGSS）一致的虚拟现实科学课程。除了得克萨斯州和佛罗里达州的标准之外，教育工作者可以轻松地知道每个 VR 体验与 NGSS 中的特定标准是否相符。

Victory VR 科学课程有 48 个教育科学单元，共包含 240 个独特的虚拟现实体验，内容涵盖地球与空间科学、工程设计科学、生命科学、物理科学等。

下图显示的是 Victory VR 公司的 Dave Hageman 在电视节目《堪萨斯城直播》（*Kansas City Live*）中详细展示 Victory VR 科学课程的相关内容和使用方式。

节目主持人在体验 Victory VR 科学课程

下图显示的是 Victory VR 科学课程所涉及的相关领域，包括地球与空间科学、工程设计科学、生命科学的课程内容。

Victory VR 科学课程

二、针对中小学基础知识的 VR 课程

由于虚拟现实具有先天的沉浸式体验和高仿真性，将虚拟现实应用于教育尤其是中小学科学课程中基础知识的教育，其意义非常重大：其一，让学生以一种全新的沉浸式体验学习，其学习过程更专注学习效果；其二，虚拟现实能够以较低的成本实现各种原本只能靠抽象的想象去理解的课程内容，让学生们更直观地接受相关信息；其三，虚拟现实可以上天入地、微观宏观无所不能，这些体验将极大地拓展学生的创新性想象和思维。

1.VR 化学课程

Mel Chemistry VR 课程是由 Mel Science 研发的一套 VR 化学课程。据该公司官网介绍，Mel Chemistry VR 课程与学校（中学）的化学课程保持一致，涵盖了所有主题。下图显示的是 Mel Chemistry VR 课程中的部分内容。

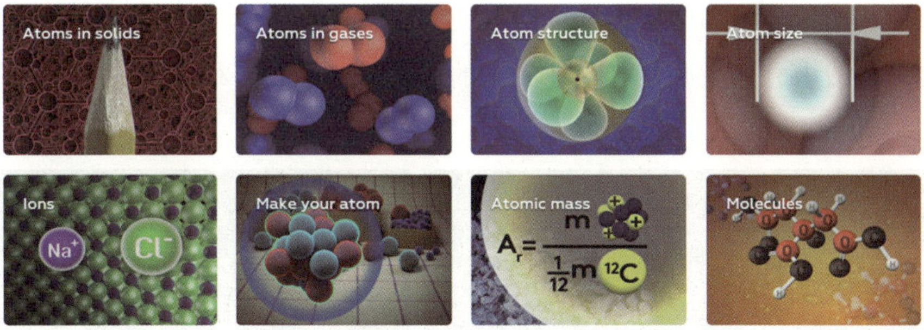

Mel Chemistry VR 课程中的部分内容

下图显示的是学员在 Mel Chemistry VR 课程中学习的情况。我们可以看到，当学生戴上 VR 设备进入 Mel Chemistry VR 课程后，他会进入一个充满科幻感的化学实验室。实验室的空中悬浮着各种化学知识点 VR 课件，选择后就可以进入 VR 化学知识点的学习空间。

在 VR 化学实验室中选择化学知识点

下面左图显示的是在选中的化学知识点中，通过空间体验和交互操作的方式学习该知识点的内容。右图显示的是在学习完成后回到化学实验室对相关知识点进行试题练习。

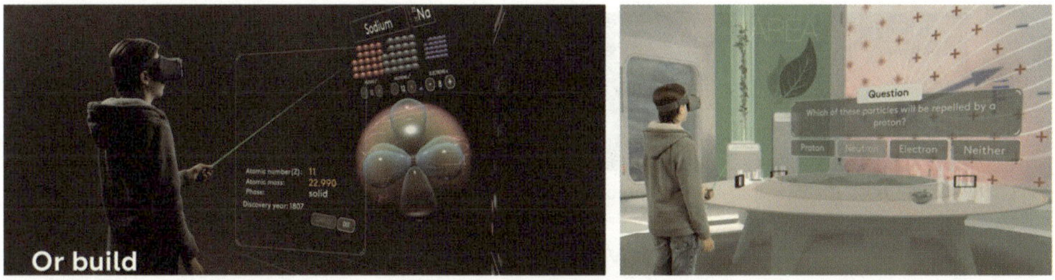

学习化学知识点

下图显示的是 Ctrl V Howell 公司开发的 VR 化学课程 Chemistry Class VR。在该课程中，老师和学生们在一个巨大的太空广场中学习化学知识。这种如同星球大战中尤达大师培养绝地武士的课程方式吸引了很多青少年和老师的关注。

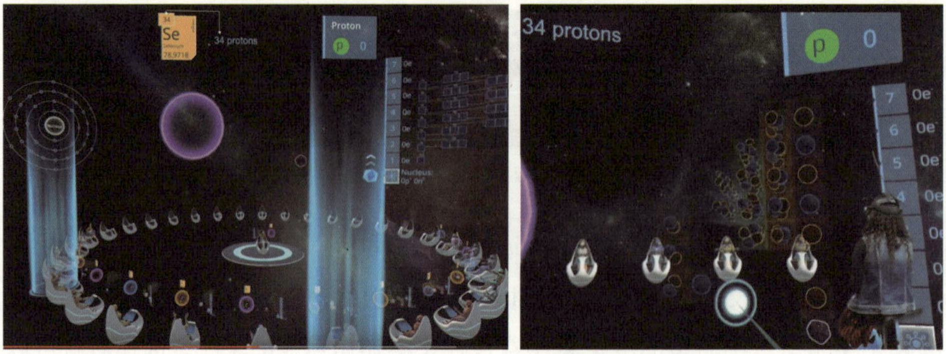

Chemistry Class VR 课程教室

2.VR 数学课程

Math VR 是 ACE-Learning Systems 公司于 2018 年研发的 VR 数学课程。该课程内容的官方介绍如下：虚拟现实使视觉学习者能够看到抽象的数学概念在三维环境中如何工作，使其更容易被理解和记忆。Math VR 应用程序以令人难以置信的视觉方式为数学世界建模，使数学教育更加直观，从中可以看到数学模型活跃起来。下面显示了 Math VR 的部分课程内容。

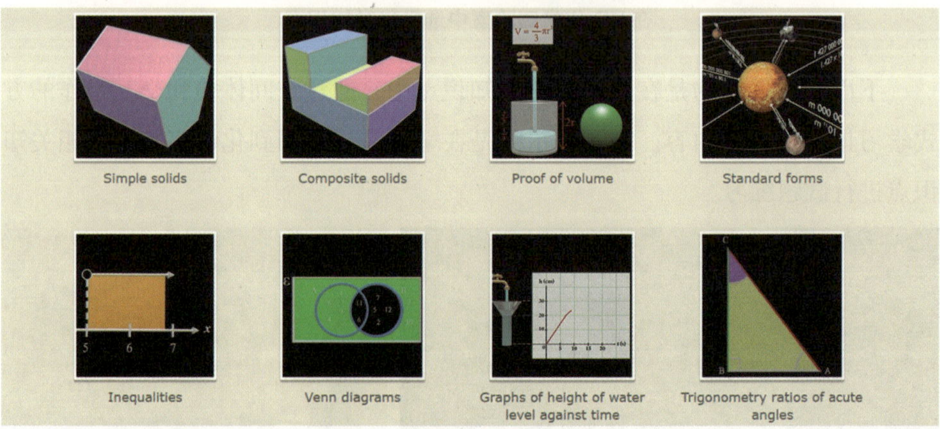

Math VR 课程中的部分内容

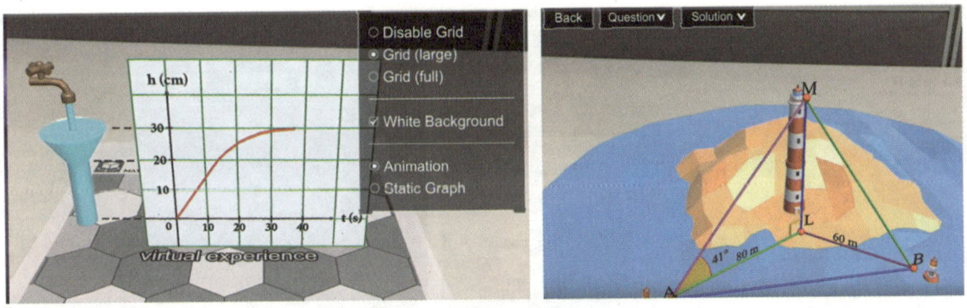

课程中呈现的数学知识点

3.VR 天文学课程

关于 VR 在天文学领域应用的内容比较丰富，从 Vavle 研发的《The Lab》中的太阳系，到美国 Nasa 系列全景 VR，以及 BBC 的太空漫步，等等。下图显示的是 Crash Course 与 Thought Café 联合开发的 VR 天文学课程，这是一个关于太阳系基本天文知识学习的 VR 体验内容。

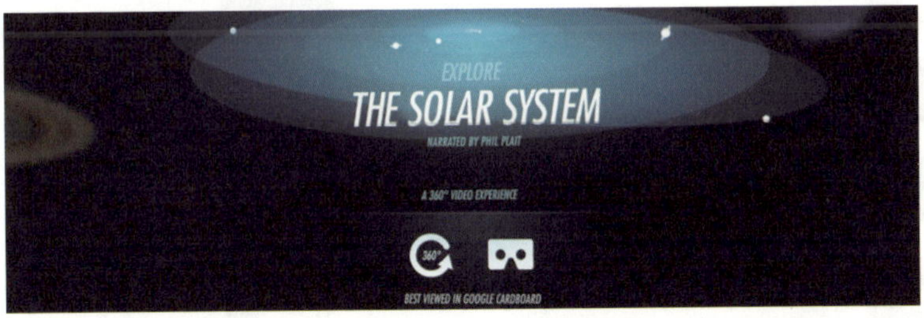

Crash Course 与 Thought Café 联合开发的 VR 天文学课程

当我们戴上 VR 设备进入太阳系后，可以看到自己身处太空之中，周围被太阳系的九大行星所包围。我们可以进一步了解每一个行星的特征。下图显示的是水星的相关信息，包括水星的地表效果、水星的卫星、水星的表面温度等。

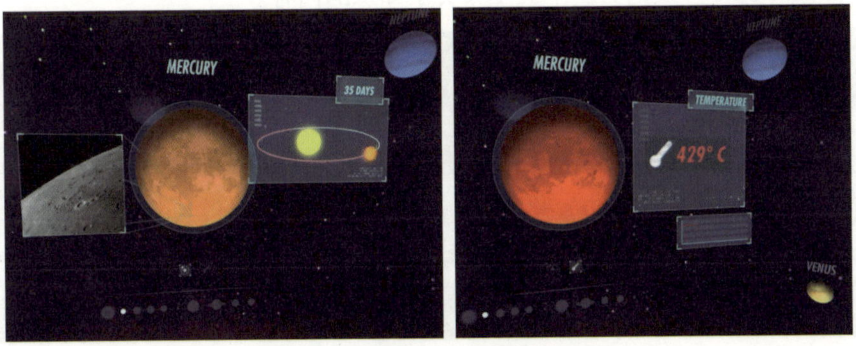

使用 VR 来表现的水星相关特征

VR 中太阳系更多行星的不同特征

除了太阳系 VR 内容的体验以外，在 Thought Café 的官方网站上还能看到一系列关于天文学的教学内容。

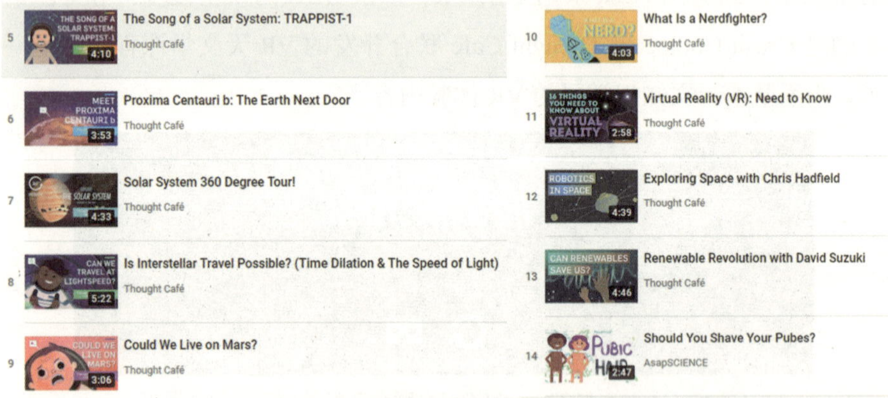

Thought Café 制作的更多天文学教学内容

由于 Thought Café 是一家动画经验丰富的制作公司，其开发的内容大多具有较高的艺术水准，有关天文学方面的知识表达方式也比较有趣。下图显示的是 Thought Café 开发的另一个关于天文学知识的内容。

Thought Café 开发的天文学知识的内容

第二节　VR 在培训领域的应用

一、应急培训

1.VR 消防安全培训

Fire Safety Training 是由 Learning Studios 研发的 VR 消防安全培训内容。该内容以虚拟现实的方式详细呈现了在一场火灾发生的紧急情况下，如何按照科学的步骤报警、获取灭火装置、使用灭火装备进行灭火的详细流程。下面，我们来具体了解一下该应用的主要内容。

首先，戴上 VR 设备开启 Fire Safety Training 应用后，体验者可以看到提示，即根据使用者具体环境的消防安全程序更改内容结构。

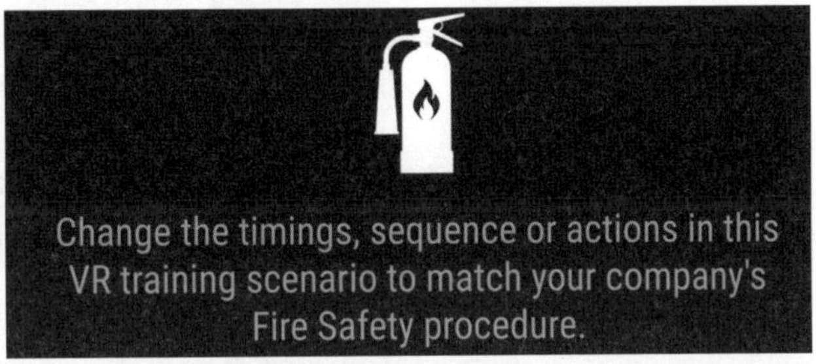

内容优化提示

使用者按照具体环境消防安全程序修改后进入应用内容，如下面左图所示。我们置身于一个办公空间，往前走看到右侧的拐角处因为插线板短路发生了火情，如下面右图所示。我们可以按照消防安全程序提示的步骤和方法进行处理。

在办公空间发现火情启动消防安全程序

下面显示的是执行消防安全程序的详细步骤：如第 3 步——先使用工具打碎消防警报上面的玻璃，然后按下消防警报按钮。

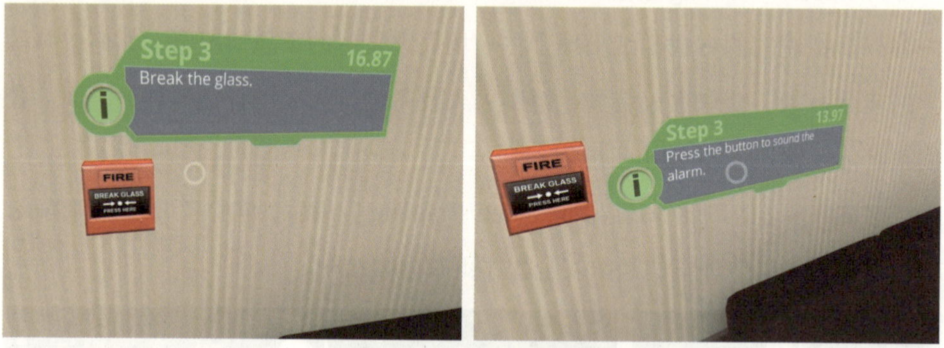

执行消防安全程序的详细步骤

下面显示的是在消防安全程序中拨打报警电话的环节，可以在这个部分学习一些与消防管理人员科学地沟通火情的方法，也可以通过这个环节的不同选项执行不同的进程。

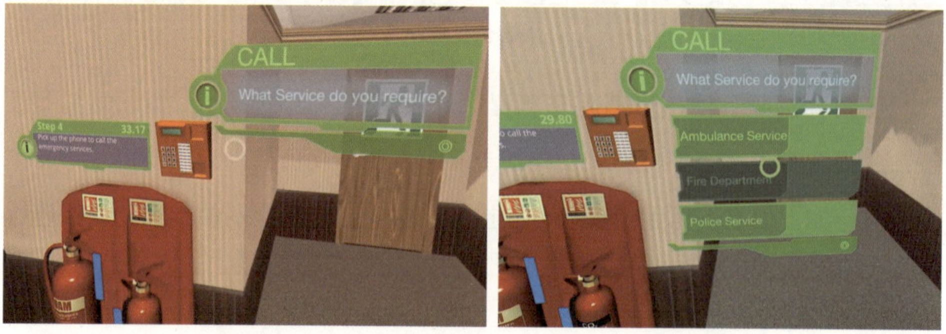

在消防安全程序中科学地拨打报警电话并沟通火情

接下来，我们需要根据现场着火情况选择合适的灭火器进行灭火。比如干粉灭火器、泡沫灭火器、二氧化碳灭火器的产生原理和应用范围有所区别。正确选择灭火器种类，灭火效果才明显。二氧化碳灭火器适用于扑救易燃液体及气体的初起火灾，也可扑救带电设备的火灾，常应用于实验室、计算机房、变配电所，以及对精密电子仪器、贵重设备或物品维护要求较高的场所。现在是与电脑相关的办公室，选择二氧化碳灭火器就更加合适。下面左图显示的是选择不同种类的灭火器，右图显示的是选择好灭火器后拉开灭火栓开始灭火。

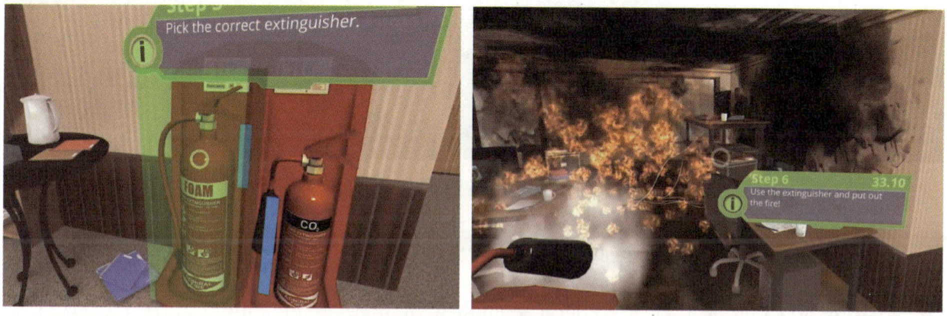

选择正确的灭火器进行灭火

2.VR 灭火培训

PIXO VR 是一家专门从事 VR 培训产品研发的美国公司。该公司与许多企业合作进行 VR 培训内容研发，具有较丰富的 VR 培训项目研发经验。下图显示的是与 PIXO VR 合作进行 VR 培训内容研发的企业，以下与 PIXO VR 产品相关图片均来自 PIXO VR 官方网站。

与 PIXO VR 合作进行 VR 培训内容研发的企业

下面我们来了解一下 PIXO VR 研发的一款指导消防队员处理救火过程中突发事件的 VR 培训内容。PIXO VR 研发的内容比较强调体验内容的逼真性，因此在场景的真实性表现、火焰燃烧的真实效果表现、灭火设备操作和流体表现等方面都具有较高的拟真性。下面显示的是消防队员戴上 VR 设备进入培训环境后所看到的逼真的现场环境。

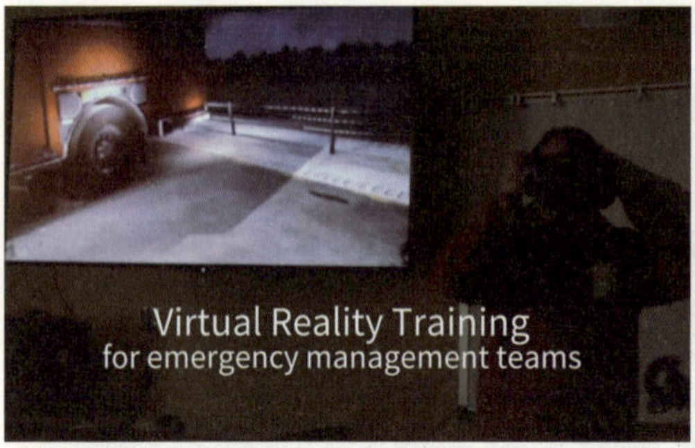

消防队员戴上 VR 设备进入逼真的培训环境

PIXO VR 消防培训产品强调 VR 培训的安全性、高效性和低成本。也就是说，VR 消防培训对于新人培训对象而言是非常安全的。同时，由于虚拟现实能够模拟非常贴近现实的火灾现场及高拟真的消防设备，因此 VR 消防培训也是非常高效的。此外，一个 VR 培训系统与真实的培训环境相比成本显然会低很多。

VR 消防培训产品中的安全性、高效性和低成本

PIXO VR 在消防培训产品中还引入了专业消费培训机构和政府安全研究人员的支持，以提升 VR 消防培训内容的专业性和安全性。下图显示的是加拿大温哥华消防队的培训主管和康考迪亚大学安全领域研究人员对 VR 消防产品的支持。

专业人员对 VR 消防产品的支持

在 PIXO VR 消防培训产品中，研发人员为了模拟更加逼真的火灾现场和灭火效果，他们研发使用了非常逼真的流体、火焰和烟雾模拟系统。同时为了让培训人员有更丰富的体验，VR 系统将火焰燃烧和相关破坏元素进行随机化设计，确保在重复使用的过程中能够呈现出不同的灾害效果，进而更贴近真实火灾现场。

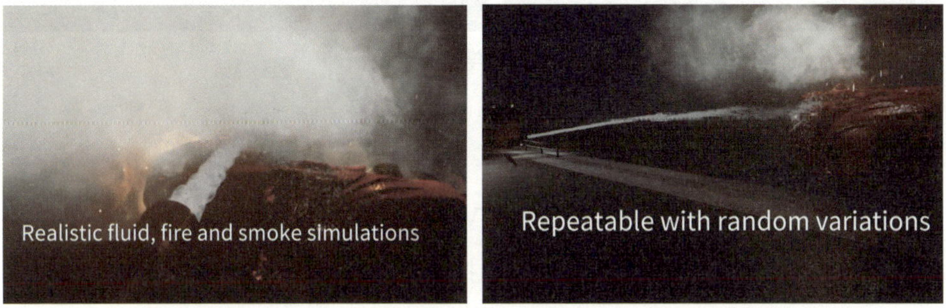

逼真的流体、火焰和烟雾模拟系统及随机变化的火灾效果

PIXO VR 消防培训产品能够呈现出高效的多人培训效果。也就是说，该 VR 培训系统允许多人同时在线群体培训。在多人参与的培训现场中，培训指导教师和学员一起在虚拟现实的环境中面对面地指导。这就使得培训授课的环境更加高效，也更加节约成本。

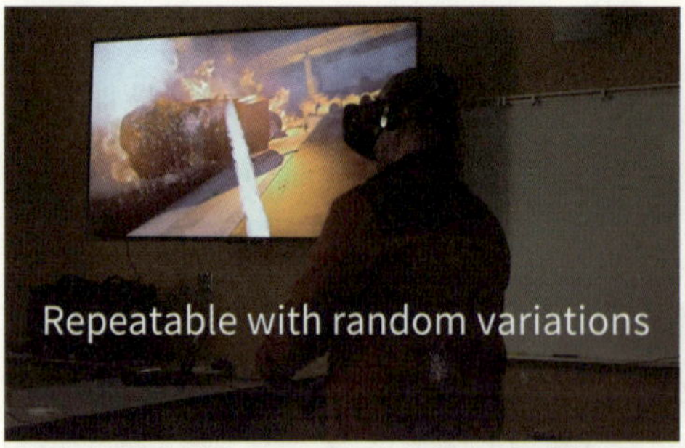

高效的多人在线培训

由于老师与学员可以面对面地在虚拟环境中进行非常精准的交互，以及配合高拟真度的消防设备，学员可以学习到专业消防流程，甚至每一个细微的步骤，进而极大地提升培训效果。

老师与学员交互

3. 应对突发危险事件培训

2018 年，美国最大的移动运营商 Verizon Wireless 使用虚拟现实技术培训门店的员工如何应对突发危险事件，如持枪抢劫。由于 Verizon Wireless 的门店销量大且现金较多，持枪抢劫的情况时有发生。为了让门店员工更安全地应对类似事件，他们使用 VR 技术研发了一套培训内容。下面左图显示的是 Verizon Wireless 门店中热闹的购物场景，右图显示的是在 VR 安全培训内容中出现的持枪劫匪。

门庭若市的 Verizon Wireless 门店和 VR 安全培训内容中出现的劫匪

在这套 VR 安全培训内容中，虚拟现实 360 度全景视频呈现了一个极为逼真的现场环境——蒙面的持枪劫匪、被劫持的人质及门店的现场环境。培训人员能够快速地沉浸到被劫持的氛围中。当劫匪将黑洞洞的枪口对准店员时，一种极度危险的感受扑面而来。当店员处于完全无助和精神极度紧张的状态时，很容易做出一些危及生命安全的举动。这时，合理地朝着安全的方向引导就显得非常重要。

持枪劫匪进入门店威胁店员

下图显示的是当持枪劫匪举枪威胁店员的时候，培训内容可以指导店员选择更加安全的方式应对，进而减少危险行为，提升安全系数。

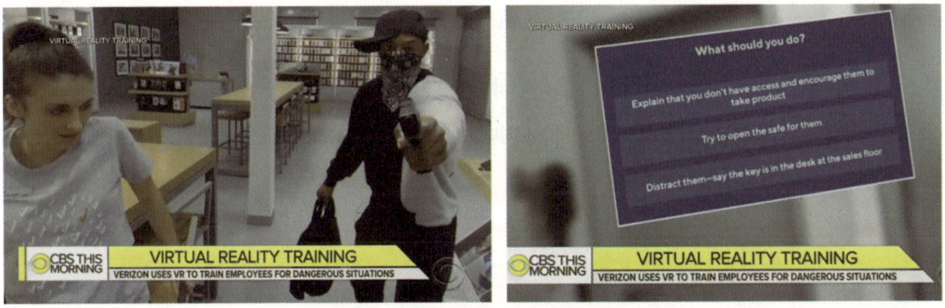

给出应对威胁降低风险的建议

该 VR 安全培训还通过虚拟现实技术模拟在不同环境中遇到突发事件的情况，为培训人员提供降低风险的建议。如下图所示，当店员刚来到店门口打开大门的时候，持枪劫匪忽然在背后出现，培训内容给出了一系列更安全的应对办法。

应对不同突发事件的建议

Verizon Wireless 研发的这套 VR 安全培训内容包含了大部分在门店可能遇到的突发事件，除了前面持枪抢劫的极度危险事件，还包含了一些关于偷盗方面的应对措施。下面左图显示的是培训内容中呈现的门店监控的画面，右图显示的是在不同区域可能出现的突发情况。

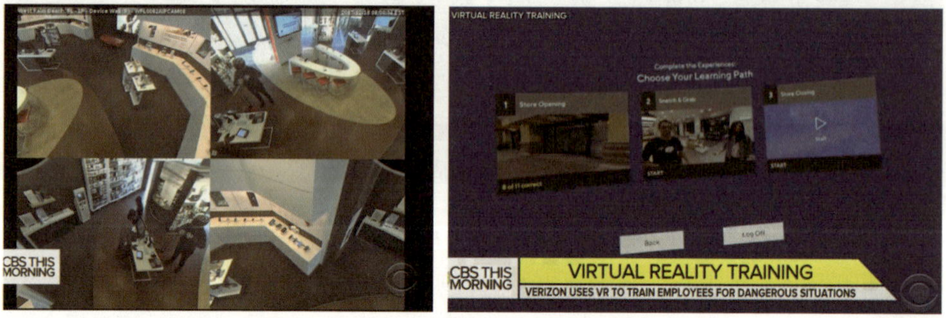

监控画面

当店员给客户介绍手机设备的时候，小偷在门店中出现，拿起手机往外逃跑。VR 安全培训内容针对上述情况给予店员详细指导，使其更合理地应对此类突发事件。

针对偷盗事件进行培训

针对各种各样的突发事件，Verizon Wireless 成立专门的培训部门，使用虚拟现实技术对员工进行专门的培训。由于虚拟现实技术的临场体验感，Verizon Wireless 的培训方式体验感强，培训成效显著。

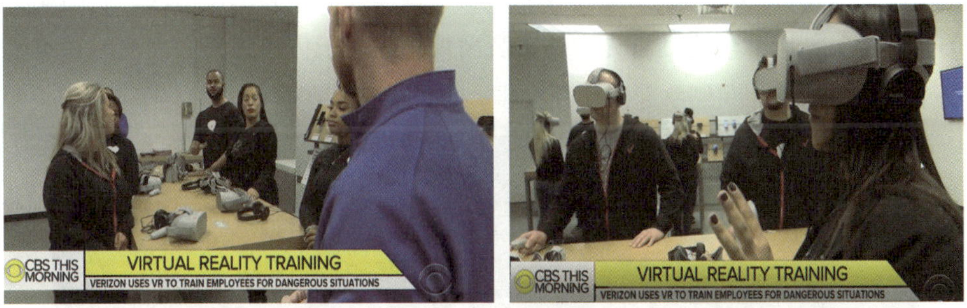

Verizon Wireless 培训部门使用 VR 技术进行培训

二、员工业务培训

所谓员工业务培训，主要是指使用虚拟现实技术对员工的工作方法和工作技能进行培训，以帮助新员工更快更好地掌握工作技能，进入工作状态，进而提升企业员工的整体工作效率。由于虚拟现实技术的广泛性，虚拟现实业务培训可能涉及各行各业，也就是说虚拟现实技术可以对各行各业进行高仿真模拟，进而实现对新员工的业务技能培训。

1. 肯德基员工炸鸡 VR 培训

为了针对员工进行炸鸡培训，肯德基研发了相关的 VR 培训内容，类似一款密室逃脱恐怖游戏。当戴上 VR 设备后，我们进入一个周围全是桑德斯上校照片的狭小房间里。然后，我们面前升起一个操作台，提示制作肯德基炸鸡的步骤，这个过程中还伴随着桑德斯上校的指挥和吐槽，他在一直监视着我们的一举一动。如果我们走神拿起了桌上的小鸡玩具，墙上的上校壁画还会双眼发射激光把它粉碎。神奇而恐怖的是炸鸡的步骤，整个房间突然灯光全暗，各种火花闪烁，气氛阴森到了极点。员工只有做出美味的炸鸡，并记住制作过程的每一个步骤，才能从这个可怕的房间中逃离出来。至于肯德基为什么要用这样一种方式来培训新员工，据官方信息显示，他们使用这种 VR 培训的方式只需要 10 分钟，而传统的炸鸡制作教程则需要 25 分钟。这显然节约了时间，更重要的是，这样的方式能够避免食材的浪费。下面，我们结合画面来了解一下肯德基炸鸡培训的细节内容吧。

下面左图显示的是墙壁上挂着桑德斯上校照片的炸鸡工作空间，右图显示的是一个类似卡片的刀。首先，一个装满鸡块的袋子传送到我们面前。在桑德斯上校的指示下，我们拿起刀切开大袋，鸡块应声掉落在面前的台子上。

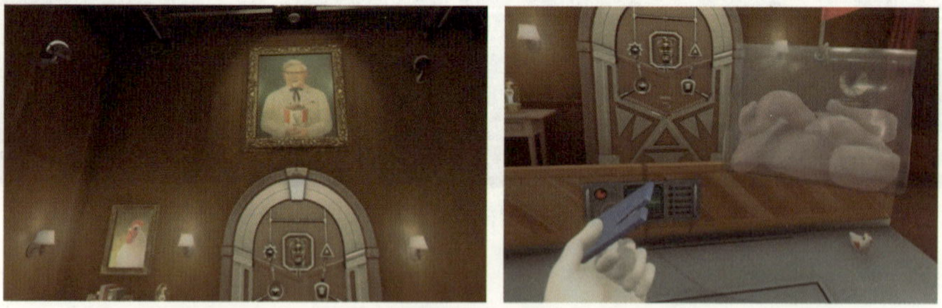

炸鸡工作空间

然后，我们需要按照桑德斯上校的指示逐一检查鸡块，并把它们放入左侧的圆筒。每一块鸡块都要拿到面前进行确认，确认后前面的绿灯会亮并发出提示音。下图显示的是对鸡块进行检查确认的过程。

检查鸡块并放入左侧的圆筒

接下来，装满鸡块的圆筒中会自动装满水，适当浸泡后，我们伸手把不锈钢沥水器皿拿起来，然后上下抖动多次（不少于三次），沥干水分。抖动的过程中左前方的桑德斯上校头像会一次次地升起，完成后又降下去，如下面左图所示。如果我们在这个过程中放置的方式有错误，桑德斯上校的声音马上就会响起，令人产生一种莫名的恐惧。我们需要观看桑德斯上校（一个机器手臂）的示范，将这些鸡块放置到一个不锈钢方托盘，并浸入调味料中进行调味搅拌，如下面右图所示。

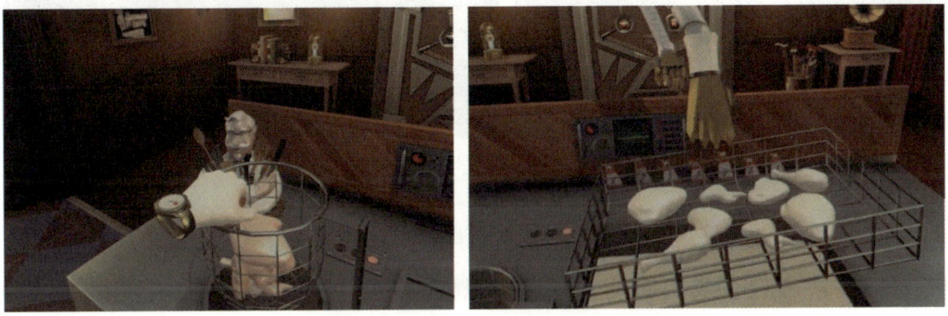

将鸡块沥干水分然后进行调味搅拌

我们在桑德斯上校的指示下将鸡块沥干，然后逐一将它们排放在一个不锈钢烤箱架上。在操作的过程中，桑德斯上校也会用沙哑的嗓音告诉我们一些方法和技巧，如果不专心听，他会抱怨我们。为了计算整个过程的时间，右侧还放了一个像八音盒一样的道具，发出清脆的提示声。当声音结束，摆放工作就必须完成。

摆放鸡块到烤箱架上

我们进入重要的环节——炸鸡。把刚才制作好的鸡块放入炸鸡设备，一只手拿起计时器关注时间，另一只手将炸鸡设备开启。然后我们就能看到神奇并恐怖的事情发生了，整个房间突然灯光全暗，机械闪烁着各种火花，桑德斯上校在大声地说话。

神奇而恐怖的炸鸡过程

在这种恐怖的氛围中，随着时间的消逝，炸鸡完成，灯光再次亮起，已经炸好的鸡块出现在我们面前。我们可以伸手拿起一块炸鸡，它散发着耀眼的光芒，桑德斯上校恭喜我们正式完成了炸鸡的四个环节的工作，我们记住这四个重要的步骤，就顺利完成了培训。

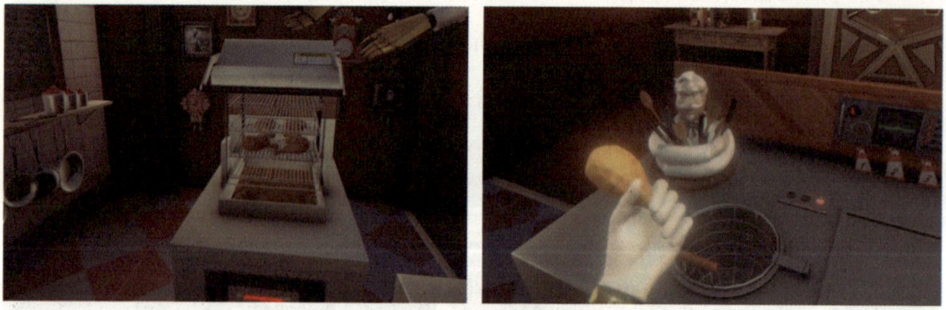

VR 炸鸡培训完成

2. 环保工厂更换滤水器 VR 培训

环保工厂更换滤水器培训由 PIXO VR 开发完成。我们戴上 VR 设备进入一个厂房，面前有一张工作台和一些工具。这时前方空中弹出了一个提示界面，要求我们戴上防护眼镜和手套。

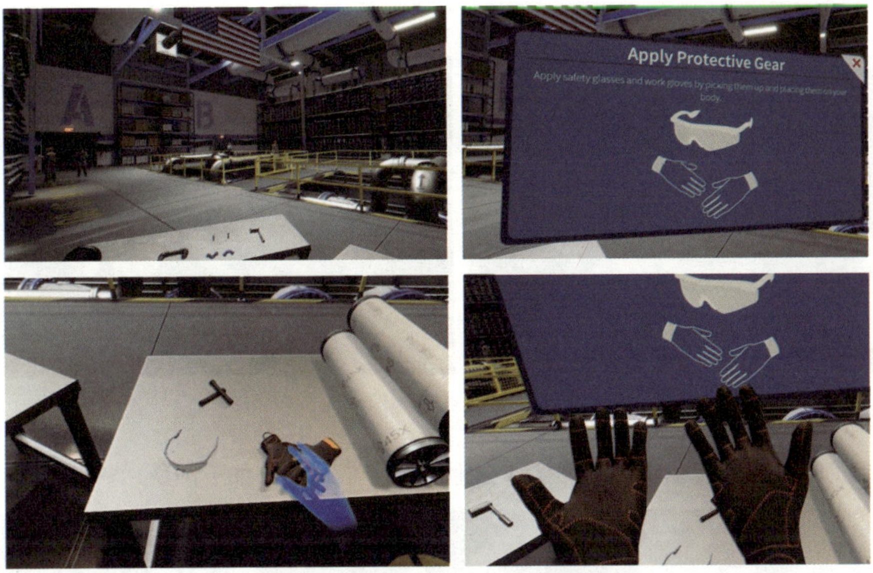

进入厂房并根据提示戴上眼镜和手套

然后，我们按照提示拿起桌面上的清洁布去擦拭一个小的圆筒，如下图所示。下面左图为提示画面，右图为按照提示画面进行具体工作的过程。

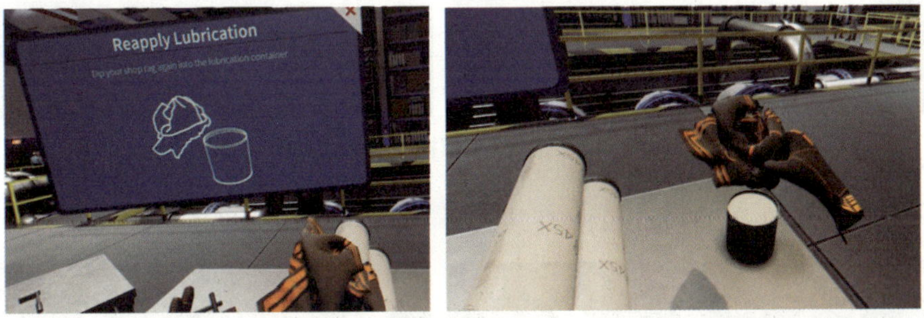

清洁圆筒组件

我们同样按照提示使用清洁布对长筒的接口边缘进行清理，如下图所示。

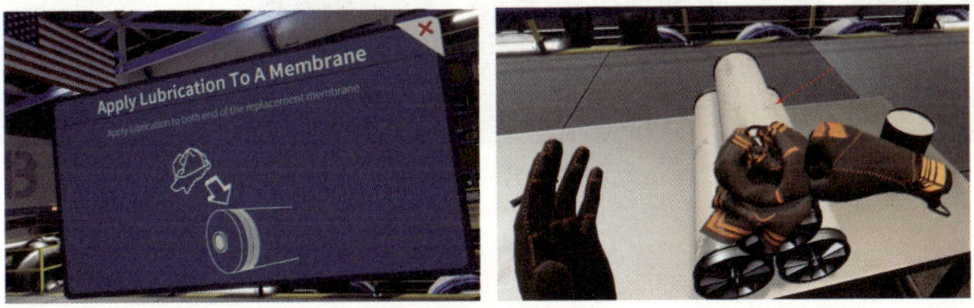

清理长筒边缘接口

接下来，我们需要将清理干净的长筒插入组件中，如下图所示。

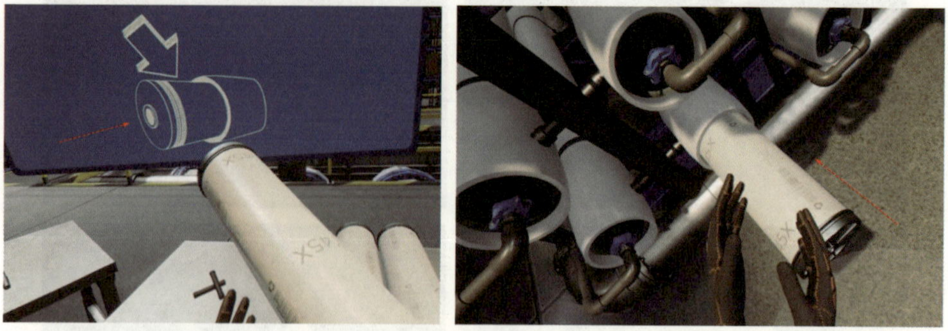

安装长筒组件

我们需要安装小组件，即工作台上的一个小螺栓，如下图所示。

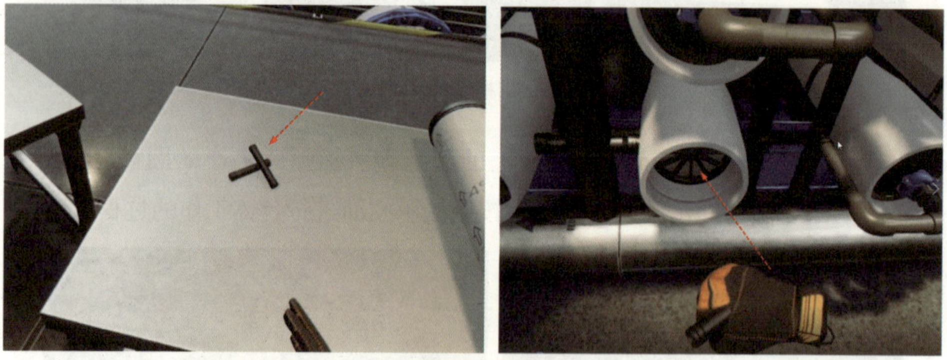

安装螺栓

然后，我们需要在指定的位置装入另一个圆筒，如下图所示。

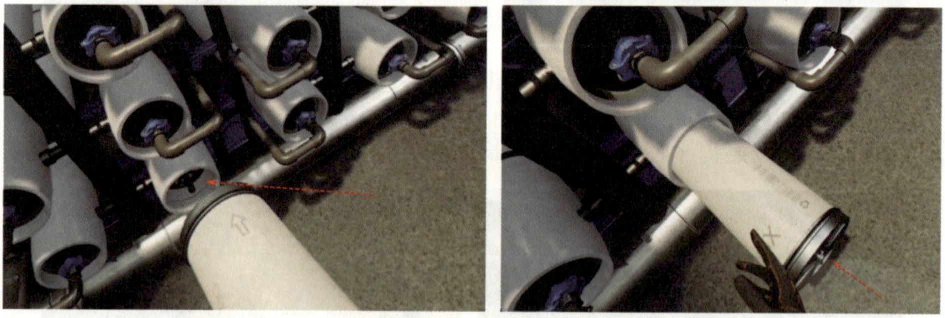

安装另一个圆筒

我们需要在指定的位置安装一个圆环配件，如下图所示。

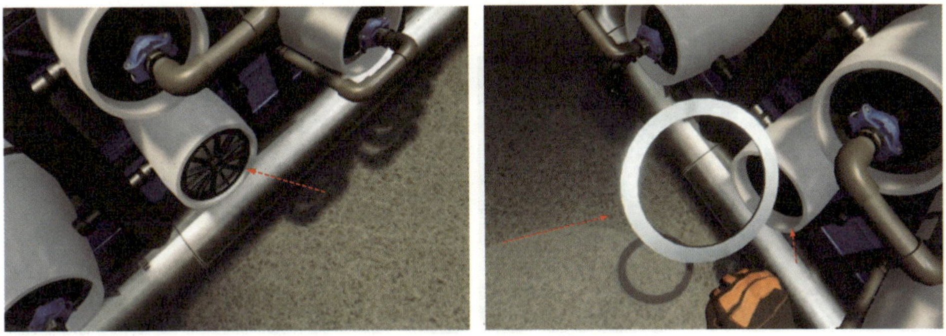

安装圆环配件

然后，我们在指定的位置安装一个 L 形的圆管，如下图所示。

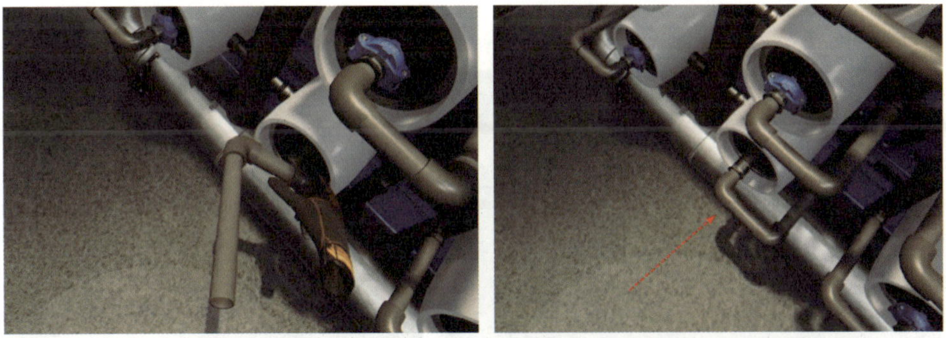

安装 L 形圆管

接下来，我们要给圆管的连接处安装一个用于固定的蓝色塑料组件，如下图所示。

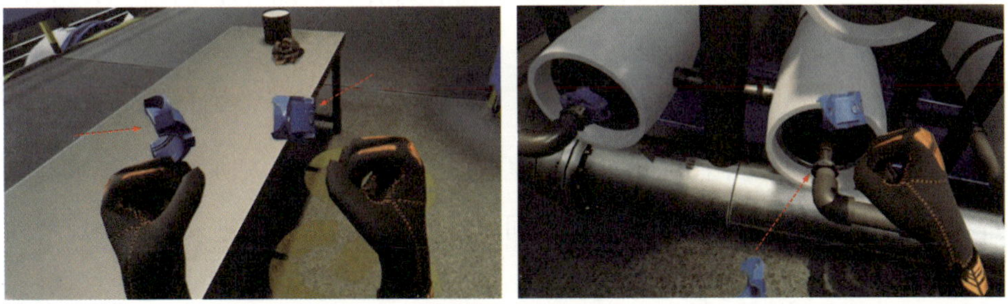

安装蓝色塑料组件

为了让两个蓝色塑料组件更好的固定，我们需要按提示装入两个螺栓，如下图所示。

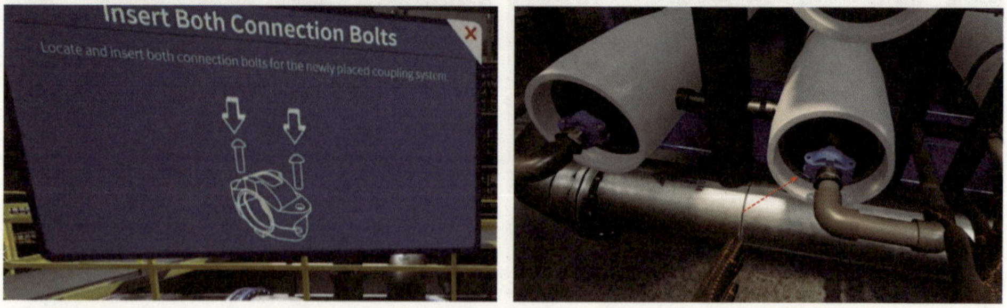

安装螺栓

为了进一步固定螺栓，我们还需要按照提示使用工具将螺栓加固，如下图所示。

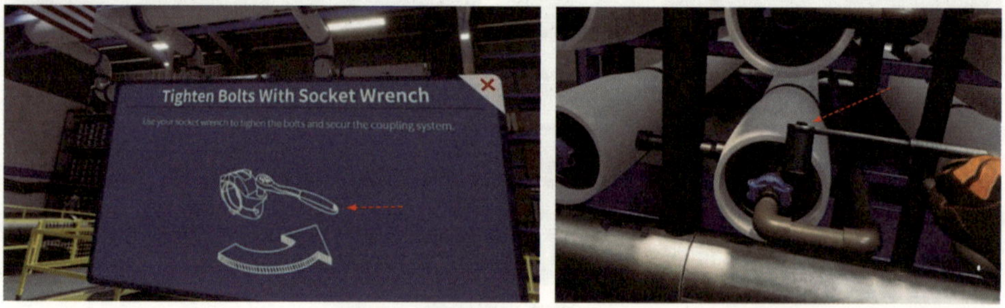

使用工具固定螺栓

经过上述步骤，一个环保工厂滤水器更换完成。从这个更换滤水器的 VR 培训过程中，我们可以了解到，VR 培训内容具有非常强的操作性，而且具体到每一个步骤的详细使用方法。

前面讲到的 VR 培训内容主要是一个人独立进行培训。除此之外，还可以进行多人协作培训，下图显示了使用虚拟现实技术进行多人协作更换滤水器的过程。从中我们可以看到，多人在不同的地方通过 VR 设备进入同一个厂房，他们相互间能面对面沟通交流。

在这个多人环境中，老师给大家进行演示，学员能够清楚地看到整个过程，也可以随时进行练习。练习完成后，多位学员还可以展开比赛，看谁完成所用的时间更短，效果更好。

多人协作培训

三、设备维修与复杂环境管理维护培训

1. 空调维修

美国戴尔内容工作室（Dell Content Studio）发布了使用虚拟现实技术进行空调维修人员培训的内容。该 VR 培训内容主要解决当前美国空调维修领域熟练工人极度匮乏的问题。

对于大量员工而言，传统的方式不容易实现理想的培训效果，而虚拟现实培训工具的出现可以很好地解决这一问题。如下图所示，左图是集中于现场的传统培训方式，右图是使用 VR 设备进行培训的方式。

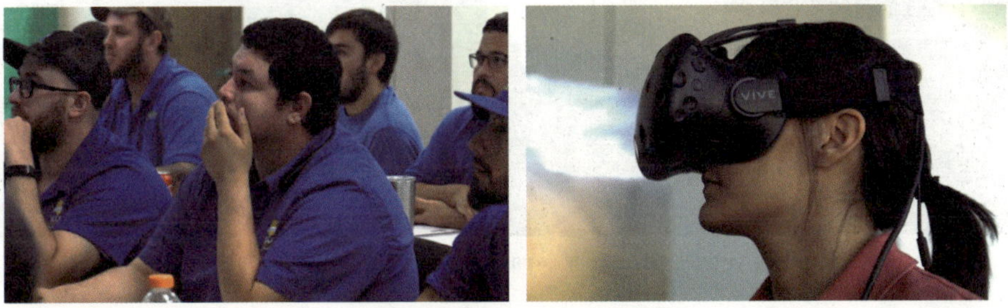

传统培训和 VR 培训对比

相比传统培训方式，VR 培训除了便利以外，更重要的是身临其境的体验和高仿真的培训内容。下图显示了在空调室外机维修现场遇到的常见问题及处理方法。从中可以看到，培训人员使用虚拟现实技术深入了解设备维护过程中的每一个技术难点，制订维修方案并进行不断重复训练，进而实现培训效果。

空调室外机维修培训

下图显示的是在培训过程中，虚拟现实可以作为一种便捷的实训方式，即到达现场进行设备操作的实践性训练与课堂理论讲解相结合的培训。这样能够最大限度地提升学员的培训效果。

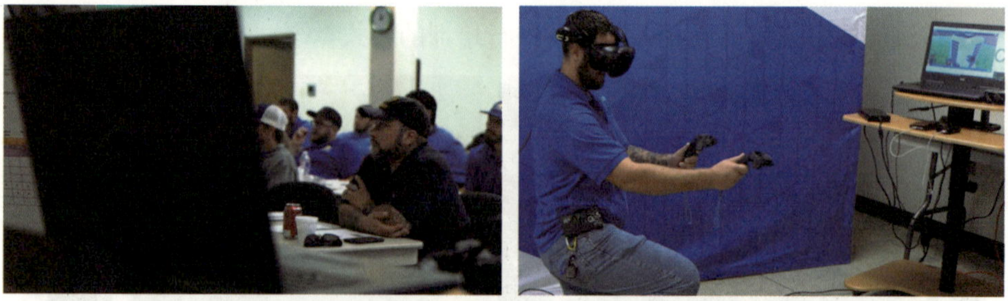

VR 实践性训练与课堂理论讲解相结合的培训方式

在戴尔的培训实验过程中，相关研究数据表明，使用虚拟现实技术进行这种以空调设备维护为代表的技能培训方式，能够提升学员的专业能力，从而在一定程度上填补职位空缺，进而提升公司的整体业绩。

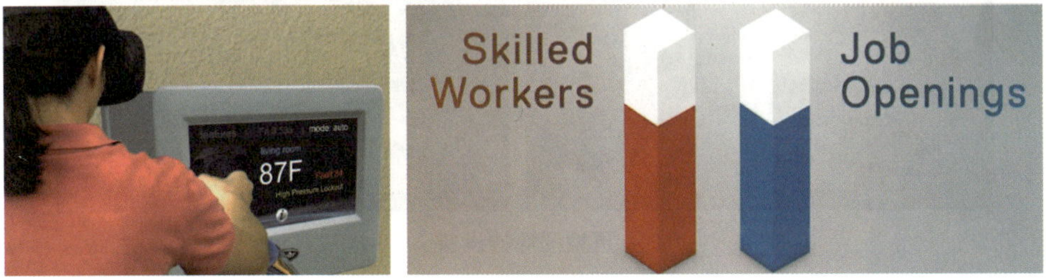

VR 培训能够有效提升学员的技能

2. 大型设备组件维修与更换

Interactive Lab 于 2016 年 7 月发布了使用虚拟现实技术进行大型管道设备维护的培训内容。该内容详细地展现了使用虚拟现实技术在复杂的大型管道设备维护中遇到的常见问题并进行处理的相关内容。下面重点展示了修复燃气泄漏并收集油箱发动机的一类重工业部门的 VR 培训内容。

我们戴上 VR 设备进入一个拥有复杂管道的工作车间，发现前面有一处正在漏气。

进入工作车间发现漏气

这时，我们可以找到身边的工具扳手和气压仪。首先使用扳手将已经损坏的设备取下来，然后将新的气压仪安装上去。如下图所示，左图是拆掉损坏的设备，右图是安装新的设备。

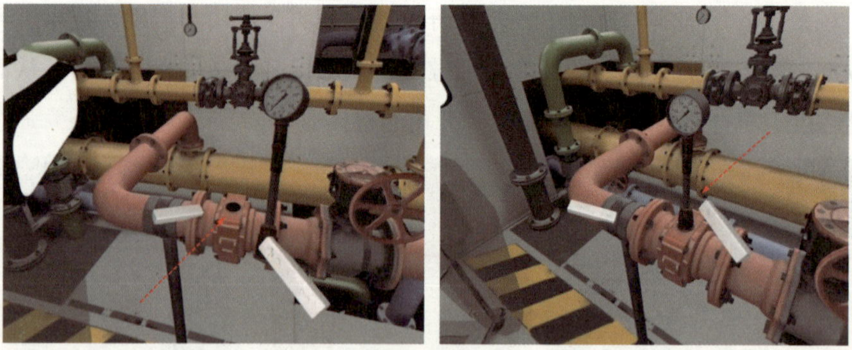

更换损坏的设备

我们开始维修存在故障的发动机，拿起一个圆盘叶片装置，将它放到发动机的指定位置。

安装圆盘叶片装置

我们需要给发动安装另外一个重要的圆柱形组件，先找到这个组件，然后将它安装在发动机指定的位置，这样发动机两个关键故障组件就更换完成。

为发动机更换圆柱形组件

3. 复杂环境管理维护 VR 培训

林德公司是一家工业气体和工程公司，为全球 100 多个国家的客户提供服务。该公司研发了工业气体工程设备管理维护 VR 培训内容，能够帮助其针对全球数万名员工建立高仿真的培训方案。下面，我们来了解一下林德公司 VR 培训案例。

我们戴上 VR 设备，来到一个庞大的油气开采（加工）环境，如下图所示。我们可以通过虚拟现实手柄交互来查询当前系统状态及需要我们完成的培训任务。

了解当前系统状态和培训任务

下面左图显示的是我们可以到不同的空间行走，以查看当前各种管道设备的工作状态。右图显示的是我们除了可以自由地行走以外，还可以使用瞬移工具，让自己瞬间快速到达任意位置。

在空间中行走查看设备或使用瞬移工具到达任意位置

由于培训空间中拥有相对完整的查看内容，我们可以在面板中滑动查看希望到达的目标，选中后可以瞬移快速至目的地。

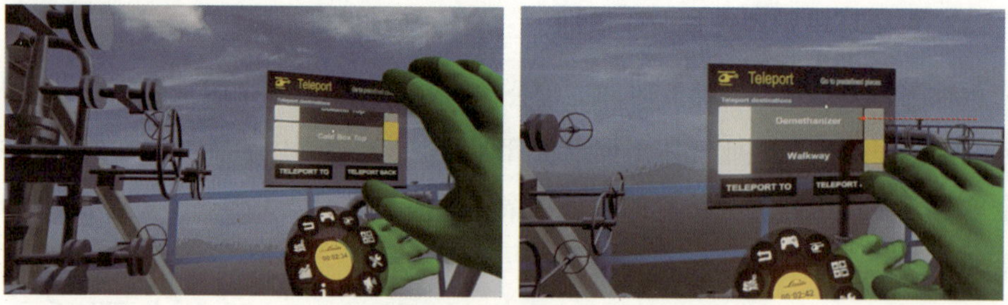

选择不同的监测目的地并瞬移过去

除了方便地选择检查的目的地，我们还可以通过选择目标组件的方式对相关设备进行查看。下面左图显示的边缘发光的设备就是我们选择的设备，可以在虚拟空间中对设备进行更多角度的显示和查看。下面右图显示的是整个生产空间的三维索引地图，如果我们在地图中选中目标，就可以激活真实环境中的对象，并移动到其附近。

使用更多方式移动到目的地

该系统还设计了一些与众不同的工具以帮助学员更好地理解空间和测量空间。如下面左图所示的画面中，学员可以激活手指射线测量工具测出起点和终点，然后就可以快速获得两点间的具体距离和相关数据。

手指测量空间数据

前面采用的是自由测量，也可以选择垂直测量。选择垂直测量工具后，可以使用手指在上下两点点击，二者的垂直高度距离就呈现出来。

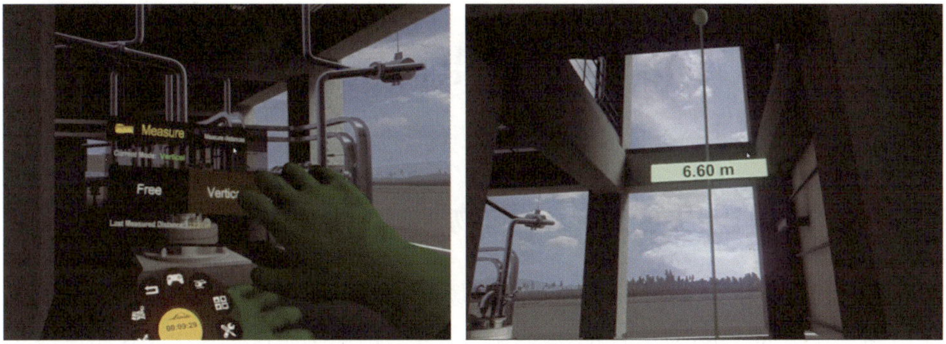

手指测量垂直高度

当然，系统中还有大量对现场设备进行维护安装的培训内容。下面左图显示的是当气压在某个区域出现问题的时候，可以根据气压表的相关数据旋转气压控制装置进行气压调节。下面右图显示的是该系统还拥有多人在线协作功能，也就是说，支持老师和学员在一个空间进行培训，也支持多人同时参与培训。

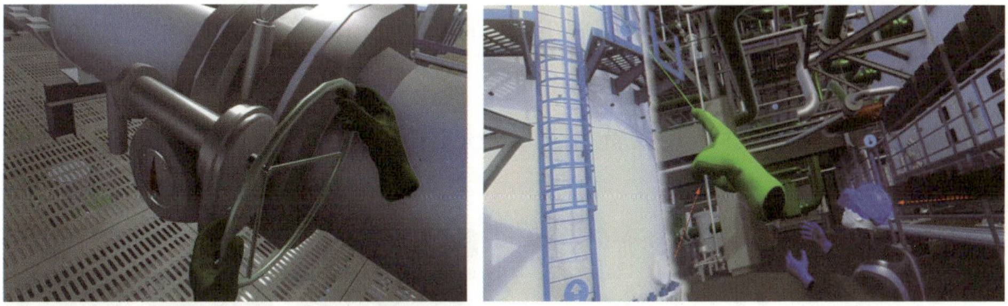

调节气压和多人协作培训

通过虚拟现实在培训领域的应用案例介绍，我们可以较全面地了解到虚拟现实在培训领域拥有的广泛应用空间。通过这些具有示范性的 VR 培训案例，我们可以了解到，无论是在培训投入成本方面，还是培训的效果上，抑或是培训可拓展的应用空间上，虚拟现实相对于传统培训都呈现出无可比拟的颠覆性优势。我们也能清晰地意识到，虚拟现实可应用的培训领域远远超过前面介绍的类型。随着虚拟现实技术日渐走向成熟及应用范围的逐步扩展，虚拟现实将在各行各业的应用培训中呈现出前所未有的优势。

第三节　VR 在电商领域的应用

一、阿里巴巴 Buy+VR 购物

2016 年 11 月 11 日，一场 600 人同场体验 Buy+ 的阿里“造物神计划”正式启动。在深圳 2400 平方米的场馆内，主办方现场为媒体准备了 VR 眼镜盒子和手机，600 多人同时进入虚拟世界体验阿里 Buy+ 的虚拟现实购物案例演示。该系统由阿里 GM Lab、IT 平台和 HTC 的技术团队分头研发并多次演练，保证了现场体验的正常进行。在展示现场，阿里巴巴总监、GM Lab 负责人从杭州连线现场，在 GM Lab 中展示实验室正在探索的三种不同的建模方式以帮助商家实现高性价比的 VR 3D 建模过程，并将这些 3D 商品上传至 Buy+ 平台。这种帮助商家快速产品建模并充实 VR 货架模式就是阿里“造物神计划”的主要内容。下面，我们通过阿里发布的 Buy+ 宣传视频来了解其到底有些什么与众不同的特点。

首先，体验者戴上 VR 设备后进入的是虚拟三维空间，所看到的不是传统的平面排列的各种商品。

平面排列的商品和带上 VR 设备进入虚拟三维空间

Buy+ 不但使用三维技术创建商品的三维模型，还借助三维动画技术制作三维模特，使其成为虚拟空间的交流者和引导者。下图显示的是使用三维动画技术制作的一位服装模特。

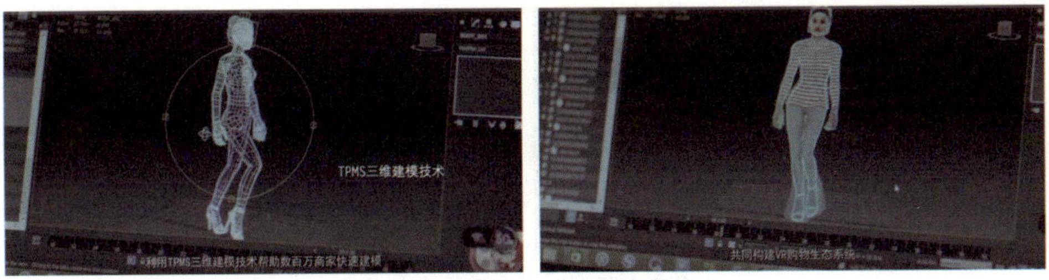

使用三维动画技术制作服装模特

下图显示的是在 Buy+ 中创建的高仿真的购物空间，与真实购物空间非常接近。人们可以在这种虚拟的三维购物空间中进行货物的挑选。

高仿真的 VR 购物空间

人们可以在空间中以一种近乎科幻的方式去调取系统菜单、产品材质和价格等相关信息。而且还可以让虚拟模特试穿产品，以查看服装穿戴后的整体效果。下面左图显示的是产品属性界面，右图显示的是虚拟模特在试穿产品并呈现出的效果。

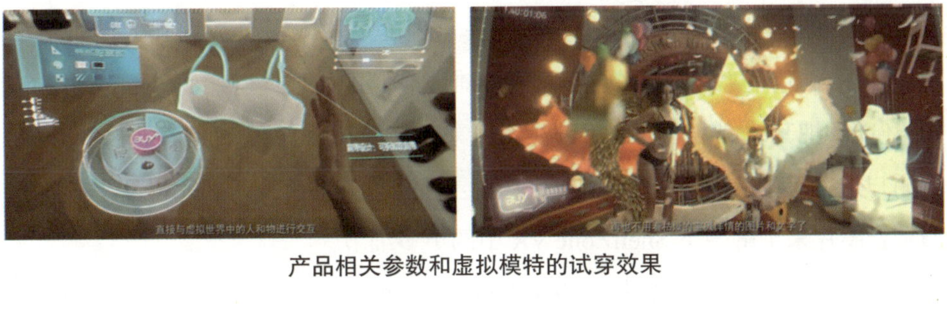

产品相关参数和虚拟模特的试穿效果

比如在选择家具的时候，用户可以直接将家具放到自己身边真实的环境中，进而查看家具与真实环境的尺寸匹配程度、色彩搭配效果等。此外，对于用户喜欢的一些精致的产品，可以即时显示产品材质、品牌、价格等，并能够帮助用户针对不同产品进行快速的比对，进而更方便地找到适合自己的产品。

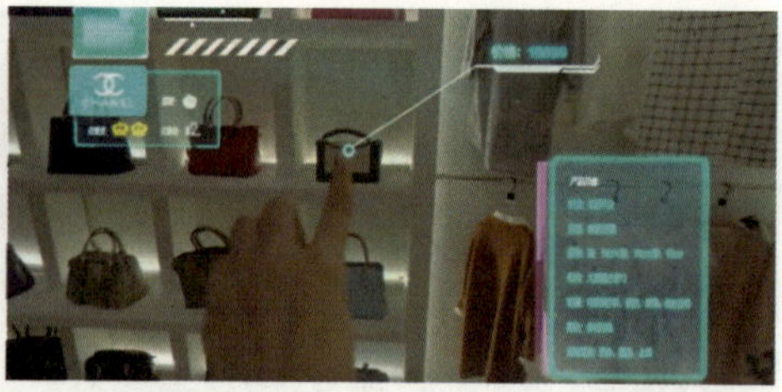

消费者在匹配家具和查看皮包信息

二、ShelfZone VR 购物

ShelfZone VR 是由意大利 inVRsion 公司研发的 VR 购物软件。与阿里 Buy+ 相比，ShelfZone VR 显得朴实得多，实实在在地呈现了一个虚拟世界中的超市。ShelfZone VR 专门为零售店和超市开发，并且与多家超市进行合作，让用户可以在 VR 超市买东西。由于 ShelfZone VR 中的超市基本是实地取景制作完成，因此呈现了近乎真实的超市购物环境和体验。

我们只要戴上 HTC Vive 设备，即使身处家中也可以马上穿越到 VR 超市中。我们可以四处走动寻找心仪的商品，看到喜欢的还可以把它“拿”下来仔细查看，这些 VR 产品在外观上与真实产品基本一致。与此同时，我们还可以清楚地看到商品的生产日期、产地、价格等信息。如果其他超市的同款商品比现在所处超市便宜，把商品放入购物车时系统会询问是否选择价格便宜的超市的同款商品。也就是说，ShelfZone VR 在一定程度上加入了大数据和人工智能的相关技术，让消费者获得在真实购物中难以企及的优质体验。此外，ShelfZone VR 还能够把其他消费者的评价都显示出来，可以帮助用户更有信心地选择商品。当用户选完产品并完成付款后，不久就会有速递员将商品送到家里。下面，我们结合图片来了解一下 ShelfZone VR 中的更多细节。

当用户戴上 VR 设备进入 ShelfZone VR，可以发现自己置身于一个 VR 超市中，与真实的超市基本一样。一个人工智能的语音助手将引导我们进行顺利的购物体验。下面图中绿色方块显示的区域是用户的头部位置和两只手的位置，从中我们可以看到用户的高度与货架的比例基本与真实世界中的商场一样。此外，我们还能看到虚拟设备可以记录消费者的表情状态是否开心，心跳状态是舒缓还是紧张，目光注视情况是否专注及产生兴趣，等等。这些数据能够帮助超市建设者分析用户与商品之间的互动情况进而获得改进空间布局和产品的相关信息。

用户在超市中购物和相关用户信息的显示

当我们决定购买某种产品的时候，只要激活其中一个产品，该产品的相关信息就能够在旁边显示出来，如生产日期、产地、价格等。

选择商品并获得清晰的信息显示

此外，系统会自动激活周围类似的产品，便于用户进行对比选择。比如下面左图所示的绿色标签显示了类似的产品，如果有兴趣可以进行产品对比。下面右图是两个产品的对比情况，我们可以看到价格和产地的不同，从而方便地进行更换。

产品对比

如果我们想购买一些儿童食物，但对于这种产品并不熟悉。这时系统可以显示不同用户对产品的评价，我们从中可以找到其他用户评价更高的产品。下面左图为系统根据用户要求推荐的一些产品及其价格，右图显示的是购买过这些产品的用户对产品的评价。

系统推荐的产品及用户对产品的评价

在超市的食品货架旁边设置了一个小型的汽车展示台，如下面左图所示。如果不经意看到自己喜欢的款式，可以随意地激活它，该车型就能瞬间以 1∶1 的比例呈现在我们面前，如下面右图所示。我们可以查看汽车内外结构，如果喜欢还可以非常方便地预约试驾。

在超市中订购汽车

如果用户希望购买自己使用的洗发水，系统马上根据用户的性别、年龄、发质情况等相关数据筛选出适合的产品。

系统结合大数据智能筛选产品

对于一个新的产品类型的出现，系统可以根据用户以往的消费习惯列出其潜在喜欢的产品类型，并提出合理的购买建议。当用户选购全部商品后，像真实超市一样进入结算流程，结账前汇总全部已选商品，可以方便地加减产品，确定后即可付款。最后与系统约定送货时间，货物将由专门的速递人员送到家中。

智能筛选商品和结算流程

三、亚马逊 VR 商城购物

2018 年 7 月，亚马逊在印度 10 家购物中心开设 VR 体验店，推广其会员日购物，用户从中可以体验亚马逊 VR 购物的过程。在这个 VR 购物体验中，用户可以乘坐热气球来到亚马逊的购物天堂，这里充满会员日产品。用户可以浏览亚马逊正在展示的商品、时尚产品促销活动、会员电影等，可以走进亚马逊商店的部分样板间，包括浴室、美容间、厨房、餐厅等，还可以进入起居室查看各种家具，进入以玩具为中心的儿童房，使 VR 设备用户与虚拟 3D 产品交互。比如给虚拟模特更换自己喜欢的服装，如同真实世界一样拿起手机进行查看，打开冰箱的门查看内部空间和结构，打开洗衣机的盖子查看内部空间的大小，等等。总体来讲，亚马逊 VR 商城呈现的是一个围绕家庭的各类型用品的体验式展示。下面我们通过亚马逊 VR 商城官方视频来了解更多的细节。

下面左图显示的是亚马逊 VR 商城会员日购物体验主题宣传文字，该体验主要在印度进行，右图显示的是体验者乘坐一个会员日热气球进入购物世界。

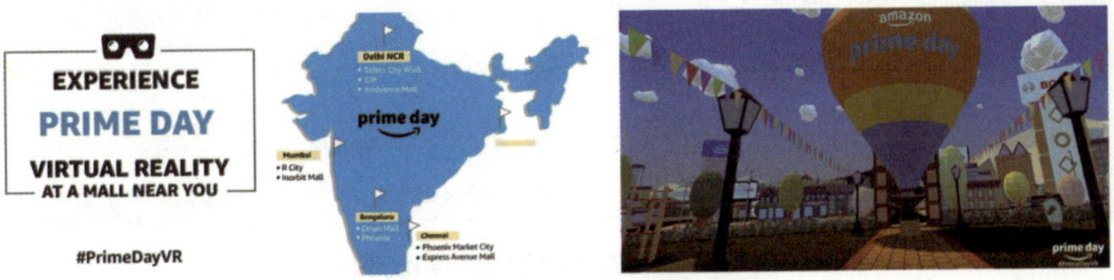

亚马逊 VR 商城会员日购物体验

在体验中，用户戴上 Oculus Rift VR 设备，就可以在虚拟商场中体验购物。下面左图为体验中使用的 Oculus Rift VR 设备，右图为体验者在查看 VR 展台上手机。

用户正在体验虚拟购物

下图显示的是体验者在查看冰箱的过程，可以打开冰箱门了解其内部结构和空间大小，也可以在旁边显示的详细信息中了解冰箱的产品特征。

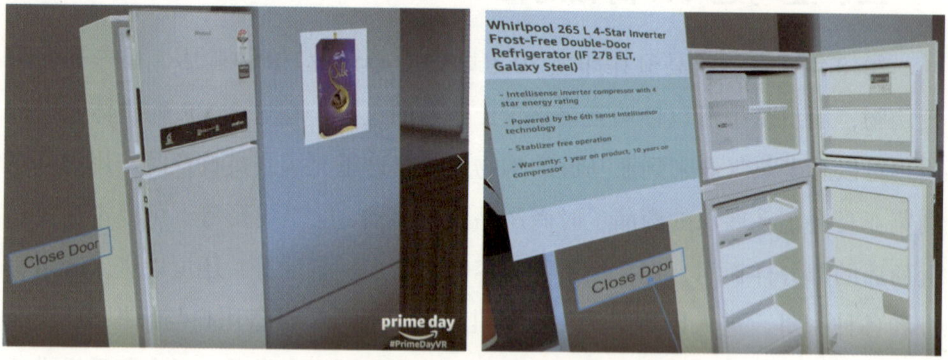

亚马逊 VR 商城中的冰箱

下面左图显示的是用户在选择桌面上摆放的食物，也显示出产品的详细信息。右图显示的是用户打开洗衣机的盖子查看洗衣机的内部结构和空间大小。

亚马逊 VR 商城中的食物和洗衣机

下图显示的是亚马逊 VR 服装商城，中间是一位模特，周围是不同的服装。用户可以选择不同的服装，并给模特穿上，然后模特就可以做出不同的展示动态，让用户了解到服装的试穿效果，还可以查看到产品的相关信息。

亚马逊 VR 商城中的服装及试穿效果

下图显示的是进入儿童房中看到各种玩具，用户可以拿起这些玩具进行试用。

亚马逊 VR 商城中的儿童房

通过前面介绍的体验过程，我们可以了解到，亚马逊 VR 商城购物体验还是以体验为主，在具体购物流程方面的完善程度尚不够高。

综合对比阿里巴巴 Buy+ VR 购物、ShelfZone VR 购物和亚马逊 VR 商城购物，我们可以发现阿里巴巴 Buy+ VR 购物的宣传视频中以夸张的购物体验为主，亚马逊 VR 商城购物以概念化的 VR 体验为主。相比之下，ShelfZone VR 购物体验较完整，且融入了大数据和人工智能的相关理念，购物流程也更加完善，基本接近一个可以真正上线消费的产品。

参考文献

［1］Virtual Reality Society：History Of Virtual Reality. 2017，https://www.vrs.org.uk/virtual-reality/history.html.

［2］USA TODAY：Experience the Blue Angels in 360-degree video. 2015，https://www.youtube.com/watch?v=H6SsB3JYqQg.

［3］AirPano：Angel Falls，Venezuela，Aerial 8K video. 2017，https://www.youtube.com/watch?v=L_tqK4eqelA.

［4］National Geographic：Antarctica-Unexpected Snow. 2016，https://www.youtube.com/watch?v=XPhmpfiWEEw.

［5］Nat Geo WILD：360° Baby Pandas. 2017，https://www.youtube.com/watch?v=0XrH2WO1Mzs.

［6］Wargaming Europe：World of Warships-HMS Belfast 360° VR Experience. 2016，https://www.youtube.com/watch?v=5ReAadaCGd4.

［7］Google Arts & Culture：Rhomaleosaurus Sea Dragon-Back to life in 360° VR. 2016，https://www.youtube.com/watch?v=BH1AvqYXwHQ.

［8］Valve：The Lab. 2016，https://store.steampowered.com/app/450390/The_Lab/.

［9］Epic Games：Showdown Cinematic VR Demo. 2016，https://www.youtube.com/watch?v=qf6KWjBn2XY.

［10］Oculus：First Contact-Oculus Touch demo. 2016，https://www.youtube.com/watch?v=ypWpSsajmVY.

［11］Halfbrick Studios：Fruit Ninja VR. 2016，https://store.steampowered.com/app/486780/Fruit_Ninja_VR/.

［12］DROOL：Thumper. 2016，https://store.steampowered.com/app/356400/

Thumper/.

［13］Hyperbolic Magnetism：Beat Saber. 2018，https://store.steampowered.com/app/356400/Thumper/.

［14］Vertigo Games，Jaywalkers Interactive：Arizona Sunshine. 2016，https://store.steampowered.com/app/342180/Arizona_Sunshine/.

［15］Secret Sorcery：Tethered. 2017，https://store.steampowered.com/bundle/2642/Tethered_Deluxe_Edition/.

［16］Bethesda Softworks：Fallout 4 VR. 2017，https://store.steampowered.com/app/611660/Fallout_4_VR/.

［17］Bethesda Softworks：The Elder Scrolls V-Skyrim VR. 2018，https://store.steampowered.com/app/611670/The_Elder_Scrolls_V_Skyrim_VR/.

［18］Ninja Theory：Hellblade-Senua's Sacrifice VR Edition. 2018，https://store.steampowered.com/app/747350/Hellblade_Senuas_Sacrifice_VR_Edition/.

［19］VR Chat：VR Chat. 2017，https://store.steampowered.com/app/438100/VRChat/.

［20］Facebook：Spaces VR. 2017，https://www.facebook.com/spaces.

［21］Altspace VR：AltspaceVR. 2016，https://store.steampowered.com/app/407060/AltspaceVRThe_Social_VR_App/.

［22］Against Gravity：Rec Room. 2016，https://store.steampowered.com/app/471710/Rec_Room/.

［23］High Fidelity：High Fidelity. 2016，https://store.steampowered.com/app/390540/High_Fidelity/.

［24］Linden Lab：Sansar VR. 2018，https://store.steampowered.com/app/586110/Sansar/.

［25］Baobab Studios：Crow the Ledend. 2018，https://www.baobabstudios.com/.

［26］Oculus Story Studio：Henry. 2016，https://www.oculus.com/story-studio/press/?locale=zh_CN.

［27］Here Be Dragons：Ghost in the Shell VR. 2015，https://www.youtube.

com/watch?v=C1iAi2yvSZE.

[28] World of Tanks North America：Way Knows No Nation. 2016，https://www.youtube.com/watch?v=CIbo0xLbNic.

[29] Google Spotlight Stories：Help. 2016，https://www.youtube.com/watch?v=G-XZhKqQAHU.

[30] Google：Tilt Brush. 2016，https://store.steampowered.com/app/327140/Tilt_Brush/.

[31] Oculus Story Studio：Quill. 2016，https://www.oculus.com/experiences/rift/1118609381580656/?locale=zh_CN.

[32] Oculus Story Studio：Dear Angelica. 2017，https://www.oculus.com/experiences/rift/1174445049267874/.

[33] Maja Wronska：Burano in VR. 2017，https://www.youtube.com/watch?v=Ee6qCyjFOf0.

[34] Borrowed Light Studios：The Night Cafe: A VR Tribute to Vincent Van Gogh. 2016，https://store.steampowered.com/app/482390/The_Night_Cafe_A_VR_Tribute_to_Vincent_Van_Gogh/.

[35] Moyosa Media BV：The Kremer Collection VR Museum. 2018，https://store.steampowered.com/app/774231/The_Kremer_Collection_VR_Museum/.

[36] Music Everywhere：Music Everywhere. 2017，https://www.music-everywhere.co/.

[37] CMR Games：Concerto. 2017，http://concertogame.com/.

[38] Aesthetic Interactive：EXA-The Infinite Instrument. 2017，https://store.steampowered.com/app/606920/EXA_The_Infinite_Instrument/.

[39] Lyravr：Lyravr. 2017，https://store.steampowered.com/app/572630/LyraVR/.

[40] Dylan Fitterer：Audioshield. 2016，https://store.steampowered.com/app/412740/Audioshield/.

[41] Hyperbolic Magnetism：Beat Saber. 2018，https://store.steampowered.com/app/620980/Beat_Saber/.

［42］Studio Odin：Club Dance Party VR. 2018，https://store. steampowered. com/app/845400/Club_Dance_Party_VR/.

［43］Samhound，Nationale Opera & Ballet：Night fall-First Virtual Reality Ballet in the World（360°）. 2016，https://www.youtube.com/watch?v=xCp4at6LE0A.

［44］Innerspace VR：Firebird-La Peri. 2016，http://www.innerspacevr.com/.

［45］AiirSource：U.S. Army Dismounted Soldier Training System（DSTS）3D Virtual Reality. 2013，https://www.youtube.com/watch?v=npxUYa4FrDc.

［46］USCICT：The Future of Army Training-The Synthetic Training Environment. 2018，https://www.youtube.com/watch?v=wjHonqlEKcw.

［47］ODN：Virtual combat: US Soldiers train in simulated world. 2017，https://www.youtube.com/watch?v=L1t_B-FXgq0.

［48］Bohemia Interactive Simulations：Train Anywhere on the Virtual Earth_VBS Synthetic Training Environment. 2019，https://www.youtube.com/watch?v=cjCxDcBa-3w.

［49］Business Insider：This is the VR experience the British Army is using as a recruitment tool. 2017，https://www.youtube.com/watch?v=m7unBsBjzT8.

［50］Russia Today：Army of gamers-Russian troops test new VR combat simulators. 2017，https://www.youtube.com/watch?v=HAappcc_TI8.

［51］ARIRANG NEWS：Korean military to use VR, big data to improve capabilities. 2018，https://www.youtube.com/watch?v=Ux3MxzW0xc0.

［52］Acadicus：Acadicus VR Training Platforms. 2018，https://archvirtual. com/acadicus/.

［53］SimX：AR and VR Medical Simulation. 2018，https://www.simxar. com/.

［54］Realities.io：Realities. 2018，https://store.steampowered.com/app/452710/Realities/.

［55］AirPano：Angel Falls, Venezuela，Aerial 8K video. 2018，https://www. youtube.com/watch?v=L_tqK4eqelA.

［56］Valve：The Lab. 2016，https://store.steampowered.com/app/450390/

The_Lab/.

[57] Google：Google Earth VR. 2016，https://vr.google.com/earth/.

[58] Pixel Edge Games：Racket Fury-Table Tennis VR. 2017，http://www.pixeledgegames.com/portfolio-item/racket-fury/.

[59] Appnori Inc.：Badminton Kings VR. 2018，https://store.steampowered.com/app/802330/Badminton_Kings_VR/.

[60] Sanzaru Games：VR Sports Challenge. 2016，https://www.oculus.com/experiences/rift/1132870140059346/.

[61] Tablet Academy：VR in the Classroom. 2017，https://tablet-academy.com/current-projects/virtual-reality/.

[62] Lenovo：Virtual Reality Classroom. 2017，https://solutions.lenovo.com/vertical-solutions/k-12-education/vr-classroom/.

[63] Victory XR：Science Curriculum. 2017，https://www.victoryxr.com/.

[64] MEL Science：MEL Chemistry VR Lessons. 2017，https://melscience.com/vr/.

[65] ACE-Learning Systems：Math Virtual Reality. 2018，https://www.ace-learning.com/.

[66] VR Learning Studios：Fire Safety Training. 2018，https://www.vrlearning.studio/.

[67] PIXO VR：Immersive VR Training for First Responders. 2018，https://pixogroup.com/.

[68] CBS This Morning：Virtual reality training immerses employees in dangerous scenarios. 2018，https://www.youtube.com/watch?v=7skEXYK4ujI.

[69] IGN：KFC's New Virtual Reality Training Video. 2017，https://www.youtube.com/watch?v=jmRQBugNDGQ.

[70] Pixo VR：Self Guided VR Training. 2017，https://www.youtube.com/watch?v=hETZFKsu9mI.

[71] Interactive Lab：VR_ The Future of Training. 2017，https://www.youtube.com/watch?v=0NormS9SIow.

［72］Linde：Virtual Reality Training for Operators by Linde. 2018，https://www.youtube.com/watch?v=KYK6wuFaES8.

［73］C L.：Alibaba's Taobao VR shopping device announced. 2016，https://www.youtube.com/watch?v=4RDq0jtjaWc.

［74］inVRsion：Shelf Zone VR. 2016，https://www.youtube.com/watch?v=-2UT2KcnJiE.

［75］VentureBeat: Amazon Virtual Reality VR Mall Kiosks-The Future of Retail. 2018，https://www.youtube.com/watch?v=J5NviNVdOsc.

［76］刘跃军 .2018 年基于全球语境的中国虚拟现实产业［R］// 孙立军，刘跃军 . 数字娱乐产业蓝皮书：中国虚拟现实产业发展报告（2019）. 北京：社会科学文献出版社，2019：1-49.

图书在版编目（CIP）数据

虚拟现实应用案例分析 / 刘跃军编著. —北京：中国国际广播出版社，2020.1
ISBN 978-7-5078-4581-5

Ⅰ. ① 虚…　Ⅱ. ① 刘…　Ⅲ. ① 虚拟现实－教材　Ⅳ. ① TP391.98

中国版本图书馆CIP数据核字（2019）第260321号

虚拟现实应用案例分析

编　　著	刘跃军
责任编辑	刘　晗
校　　对	张　娜
版式设计	邢秀娟
封面设计	黄　旭
出版发行	中国国际广播出版社［010-83139469　010-83139489（传真）］
社　　址	北京市西城区天宁寺前街2号北院A座一层 邮编：100055
印　　刷	环球东方（北京）印务有限公司
开　　本	710×1000　1/16
字　　数	170千字
印　　张	12.25
版　　次	2020 年 6 月　北京第一版
印　　次	2020 年 6 月　第一次印刷
定　　价	58.00 元